理解
·
现实
·
困惑

心理学家可以解答的教育问题

Managing Emotional Mayhem:
The Five Steps for Self-Regulation

管理混乱情绪

儿童自我情绪调节5步法

[美]贝基·贝莉 著
(Becky A. Bailey)

刘彤 周立峰 译

中国纺织出版社有限公司

内 容 提 要

自我情绪调节是一种管理情绪和行为的能力，不仅对我们建立良好的人际关系有着重要影响，也对我们的学习与工作成就起着关键作用，是人生成功的必备技能。在本书中，贝莉博士用许多极具洞察力的例子和发人深省的问题，来帮助我们自己和儿童反思情绪调节问题。本书奠定了"自我情绪调节"的概念基础，提出了自我情绪调节五步法，并教我们如何在此过程中指导孩子，帮助孩子在学习和生活中走向自律与成功。

图书在版编目（CIP）数据

管理混乱情绪：儿童自我情绪调节5步法 /（美）贝基·贝莉（Becky A. Bailey）著；刘彤，周立峰译 . -- 北京：中国纺织出版社有限公司，2024.6
（心理学家可以解答的教育问题）
书名原文：Managing Emotional Mayhem: The Five Steps for Self-Regulation
ISBN 978-7-5229-0759-8

Ⅰ. ①管… Ⅱ. ①贝… ②刘… ③周… Ⅲ. ①情绪—自我控制—通俗读物 Ⅳ. ①B842.6-49

中国国家版本馆CIP数据核字（2023）第135412号

责任编辑：宋 贺　　责任校对：江思飞　　责任印制：王艳丽

中国纺织出版社有限公司出版发行
地址：北京市朝阳区百子湾东里A407号楼　邮政编码：100124
销售电话：010—67004322　传真：010—87155801
http://www.c-textilep.com
中国纺织出版社天猫旗舰店
官方微博 http://weibo.com/2119887771
北京华联印刷有限公司印刷　各地新华书店经销
2024年6月第1版第1次印刷
开本：710×1000　1/16　印张：14
字数：157千字　定价：68.00元

凡购本书，如有缺页、倒页、脱页，由本社图书营销中心调换本书致力于消除评判，真正摒弃对各种事物先入为主的偏见，学会忠实于自己的内心。它赋予我们知识和智慧，让我们从戒备走向信任，从恐惧走向关爱。

谨以本书献给我的父母。感谢他们的养育和为我付出的所有时光，这对我的成长至关重要。他们用关爱和努力教会我保持好奇心，热爱学习，乐于提出问题并且实现我的目标。

——贝基·贝莉（Becky A. Bailey）

Managing Emotional Mayhem

推荐序

刘彤
载格勒国际儿童发展协会会长
耶鲁—中国儿童发展研究项目首任联合主任

  五年前的金秋时节，我负责的耶鲁—中国儿童发展研究项目在耶鲁大学校园举办了第四期"耶鲁大学幼儿园高级管理人员培训班"。这次培训课程的主题就是探讨如何通过传授有效的社会情感学习技能（social-emotional learning skills），帮助教育者有智慧地解决幼儿园日常生活中发生的各种矛盾和冲突，减轻孩子的心理压力，培养孩子自我管理和解决问题的能力，从而提高教育者的工作效率，增强孩子的学习兴趣。鉴于贝基·贝莉博士（Dr. Becky A. Bailey）创立的智慧自律（Conscious Discipline，CD）项目在社会情感学习实践方面具有丰富的经验，我诚邀贝莉博士担任这次研修班的主讲专家。

  "智慧自律"聚焦于帮助儿童社会情感学习能力的发展，并把儿童发展和早期教育的研究成果成功地运用到幼儿园教育和家庭教育的场景中，为老师和家长提供了一整套与日常学习生活紧密结合的解决方案。在这次讲座中，贝莉博士向学员们展示了"智慧自律"的脑科学原理模型，以及经过实践证明的积极有效的7个技能。贝莉博士生动形象的教学赢得了参加培训的全体园长和老师的一致肯定和高度赞誉。同时，我也萌生了把"智慧自律"介绍给更多的中国读者的想法。

贝莉博士对于我的想法非常赞同并充满期待。在耶鲁大学载格勒儿童发展与社会政策研究所时任所长沃特·捷列姆博士（Dr. Walter Gilliam）的鼎力支持下，"智慧自律"中国本土化研究项目于2019年正式启动，由我负责主持翻译和中文推荐序的撰写工作。

"智慧自律"不仅得到了中国幼儿园老师的认可，也赢得了中国家长的喜爱。随着时代的变迁，儿童的心理健康和亲子矛盾问题越来越受到关注，中国家长急切需要能够即时、有效、互动地从教育专家那里获得切实可行的育儿建议。为了满足中国家庭的迫切需求，应耶鲁北京中心的邀请，我在2021年暑假为中国家长举办了为期四周的在线亲子课程。在"把冲突当作一次共同成长的机会：家庭情商教育系列讲座"中，我把本土化的"智慧自律"实践方法和技能分享给家长们，并且在线上回答家长们的育儿与亲子沟通方面的困惑。与家长们的交流，让我切实体会到中国家长对构建以安全感和心理韧性为基础的新型家庭关系、亲子关系和师生关系的渴望。

在《智慧自律：儿童自我管理的7个技能》和《管理混乱情绪：儿童自我情绪调节5步法》即将付梓之际，我首先感谢贝莉博士的大爱无疆的理念，她希望智慧自律能为营造有益于中国孩子身心健康的成长环境助力；感谢捷列姆博士和中国教育学会国际教育分会秘书长张东升先生对启动这个合作项目给予的支持和推动；感谢我的课题组团队成员："耶鲁—中国儿童发展研究项目"2019—2020年访问学者张文娟博士、"耶鲁—中国儿童发展研究项目"博士后张心玮博士、"耶鲁—中国儿童发展研究项目"研究生助理章斐然、德国德累斯顿工业大学教育学院研究生张亦琳、康奈尔大学发展心理学硕士研究生罗婧、北京市海淀区政协二级调研员王垚和资深教育媒体人赵大星等对书中涉及的心理学、脑科学专业词汇的中文表述进行审核，并进一步探讨专业词汇的中文翻译如何便于中国读者准确理解；感谢北京美林教育集团赵宇红女士、聂懿老师和左慧萍老师在幼儿园实践中搜集整理老师和孩子的反馈，为研究和翻译提供了来自教学第一线的详细资料。最后，感谢中国纺织出版社心理图书分社社长关雪菁女士及其编辑团队在这套姊妹书出版过程中的辛勤努力。在诸位的热心支持和通力合作中，使得这套姊妹书得以与中国读者见面。

  翻译工作主要是结合我对"智慧自律"中国本土化研究工作进行的，即在原文翻译的基础上，结合了心理学与教育学理论研究的最新成果，并根据中国家庭教育现状、语言习惯、幼教研究人员、教师与家长的实际需求等层面进行适当的调整和修订。我的导师，耶鲁大学斯特林讲席荣休教授、被誉为美国"开端计划之父"（Father of Head Start）的爱德华·载格勒博士（Dr. Edward Zigler）曾经说过："每一项创新研究都是一个永不关门的实验室。"尽管我们通过几年的努力，终于把这套姊妹书呈现给中国读者，但真正的研究与讨论刚刚开始。我期待与国内的专家学者合作，共同继续完善与创新这套书的内容，以更好地满足中国老师、家长和儿童的需要。

  我衷心地希望，这套姊妹书能够成为老师和家长的手边书。因为这套书不仅能帮助我们成年人更好地影响和指导孩子的成长，更重要的是，它们能帮助我们更好地调控自己的情绪，让"我"与自己、"我"与他人、"我"与社会的关系更有温度，从而更好地学习和工作，获得更多的成就感和幸福感。

Tong Lou

2023 年感恩节

于耶鲁大学

Managing Emotional Mayhem

名家推荐

王 烽
中国教育科学研究院教育体制改革研究所所长
研究员，博士生导师

我们应该怎样教育孩子？什么才是儿童发展最需要的？长期以来，我们一直将"书本知识"放在首要位置，学生和教师将大部分的时间和精力用于学习这些知识。似乎只有这样对教师来讲才算"务正业"，对学生来讲才算作"上学"。我们往往忽略了，当一个未成年人面临个人情感和情绪困难、师生和同伴交往困惑、自我管理与自律困境的时候，很少有家长和教师能够恰当地给予引导和帮助，甚至有时会起到反面作用，导致儿童出现各种常见的心理健康问题。

社会情感发展与一个人一生的快乐、幸福乃至成功直接相关，对它的长期忽视是我们教育的一大缺漏。社会情感学习是一个比书本知识学习更复杂的专业问题，我们不仅要探明它背后复杂的心理学原理，而且需要进行基本的技能训练。《智慧自律：儿童自我管理的7个技能》《管理混乱情绪：儿童自我情绪调节 5 步法》是一套为教师和家长"雪中送炭"的操作手册，它们为提升教育品质、培养高情商儿童提供科学的方法和有针对性的操作技巧，为我们的孩子实现自我管理、正确应对挑战、走向自我完善打开一扇大门。

张东升
中国教育学会国际教育分会秘书长，国际教育专家
载格勒国际儿童发展协会儿童社会情感学习（SEL）研究项目研究员

　　好孩子是"管"出来的吗？《智慧自律》和《管理混乱情绪》两本书给了我们明确的回答。那种以"管控"为目的，以奖励和惩罚为辅助的教育方式，可以培养出"听话的孩子"，但是，却往往给孩子健康心理和健全人格的养成带来深远的负面影响。

　　在这两本书中，美国著名的教育家贝莉博士基于儿童脑科学研究成果和多年教育实践经验，提出了一整套培养"智慧自律"型儿童的理念与方法。她告诉我们，儿童教育的前提是秉持关爱与理解的原则，在成人与儿童之间形成积极的互动，建立和谐的亲子关系和师生关系。成人首先自己要学会管控自己的情绪和行为，进而影响和指导孩子学会管理自己的情绪和行为，在儿童的成长过程中，变"他律"为"自律"。智慧自律能帮助孩子们始终保持阳光自信的心态，积极应对困难和挑战，善于与他人交流合作，善于理性的思考和解决问题，从而在学习和生活中实现成功。

范皑皑

北京大学教育学院培训办公室主任

《北京大学教育评论》编辑部副主任

    《智慧自律》和《管理混乱情绪》给予了父母在养育子女、教师在培育学生方面的方法论——让儿童通过学习自我调节而获得安全感，通过学习与人交往而产生情感联结，通过学习应对冲突而提升适应能力。这一方法论的理念基础完全不同于当前很多家长和教师秉持的信条——用管理和控制让儿童学会服从，用规则和权威约束儿童的行为，规避冲突和犯错以保障儿童的成功。今天，如果不转变无意识的、服从型的传统教育方式；明天，如何指望教育培养出具有创新意识和创新思维的未来人才？丰富的社会情感、专注的学习能力以及强大的内心力量，都需要我们帮助儿童在日常的善行与犯错、困境与机遇、冲突与妥协、成就与失败等复杂情境中，形成自我管理的智慧。所以，对所有与儿童养育、陪伴、教导和照护等相关的成人而言，这都是一本讲理论深入浅出，讲案例生动有趣，讲工具简便易行的好书，值得好好研读。

李浩英

中国未来研究会教育创新与评价分会副会长

中国家庭教育学会理事

  智慧自律最重要的意义是能够引导我们从无意识的、经验型的、服从型的传统教育方式转变为有意识的、以人际关系为基础的社会性教育方式,并让每个人从脑科学角度认识自我、发现自我,享受终身成长的喜悦。《智慧自律》中提到的7个自我管理技能让我想成为更加优秀的自己有了实践的路径,同时也为教师找到了"备学生"的关键钥匙,也会引发我们对"以人为本"的深度思考。我强烈建议此书成为每一位教师的必读书目,当然,如果作为个人成长规划教材会让更多人受益。

  另外,情绪与我们时刻同在,只可调节,不可彻底消除。《管理混乱情绪》从脑科学的角度,深刻探知情绪产生的原因、过程以及对人一生的影响。并依据多年的研究,提出清晰的情绪调节五步法,让艰深的理论转化为可以被我们认知和实践的方法。马可·奥勒留(Marcus Aurelius)曾说:"塑造我们的不是经验,而是回应经验的方式。"也就是说,所有的情绪都是我们对认知情境的解释。情绪操之在己,不是别人使你不快乐,而是你自己使自己不快乐。当我们能如此认清自己的时候,我们也就认知了天地万物。为人师、为人父母者均需终身学习此课程,因为你不只是你自己,你还是孩子的环境。

Managing Emotional Mayhem

目　录

引　言　认识新朋友：你好，自我情绪调节！　1

第 1 章　自我情绪调节：健康的情绪和人际关系　17

第 2 章　觉醒：我们与情绪的关系　47

第 3 章　情感信息：跟随你的情绪系统　73

第 4 章　成人的历程：自我情绪调节五步法　95

第 5 章　儿童的历程：帮助孩子实现自我情绪调节　135

"心情娃娃"示范活动　196

参考文献　201

致谢　206

引 言

认识新朋友：
你好，自我情绪调节！

Managing Emotional Mayhem

引 言
认识新朋友：你好，自我情绪调节！

我曾无数次告诫自己：愤怒时，说话要冷静，结果却发现我对着自己最爱的人大呼小叫；我曾十分渴望减肥，但当看到体重秤上的数字时又很沮丧，于是我点了一份披萨来慰藉自己；我曾听到母亲嘴里涌出严厉的话语，夹杂着各种苛刻的指责、命令和质问，即使我深知这种教育对孩提时代的我造成了巨大的伤害。

这些情景听起来是不是很熟悉？我决心开辟一种不同的教育模式，于是我为家长和教育工作者们写了《管理混乱情绪：儿童自我情绪调节5步法》这本书。既然你拿起了这本书，说明你也为此做好了准备！

"自我破坏"的生活

想象一下，如果我们无法通过智慧的方式管理自己的情绪，我们就难以帮助孩子们管理他们的情绪。"闭嘴！别让我再听到你说这样的话。""你要是还不停地抱怨，就滚回你自己的房间去。你怎么这么不懂事？""你可成熟点吧！谁也没说过生活是公平的！"作为成人，我们经常发现自己将情绪肆意地发泄在孩子身上，为孩子作出了令我们自己厌恶的示范。为这种情绪宣泄推波助澜的正是我们的想法——谁做了什么，谁受到了委屈，谁是那个坏人——这种想法就像弹球机里的弹球一样四处激荡，制造出许多无辜的受害者和坏人。当情绪累积到一定程度，超出了我们可以忍受的限度："砰"的一声，它爆发了！我们将语言或肢体攻击肆意宣泄在他人身上，只是为了让自己得到片刻的疏解。

最终，我们会为自己的言行感到无比悔恨。这种悔恨和愧疚在我们心中不断堆积，最终蒙蔽了我们对真实自我的认识。我们开始相信人生来邪恶。我们或是编造，或是列举出各种生活情景，以此为自己的行为辩解，保护自己可怜的自我价值。这些生活情景无一例外地突出了别人如何迫使我们作出了某种行为："要不是他＿＿＿＿，我也不会那么说。"这些生活情景为我们的行为找到了正当借口，因为我们会认为是别人把自己逼到了极限："那个孩子一直没完没了地吵闹，除此以外我还能怎么办？"我们脑补出各种故事为自己开脱："有时候就是要让他们明白长幼尊卑，这也是为他们好。"

我们发现，很多人会酗酒无度、暴饮暴食、痴迷于健身或工作，希望以此打破这个"自我破坏"的怪圈（见图1）。这些无意识的习惯成为了我们调节自身情绪状态的一种途径，它们的行为开始逐渐破坏我们与他人之间的互动，并最终摧毁我们的人际关系和生活目标。我们试图以破坏自己生活的方式调整自己的情绪，这是一个多么可怕的恶性循环！

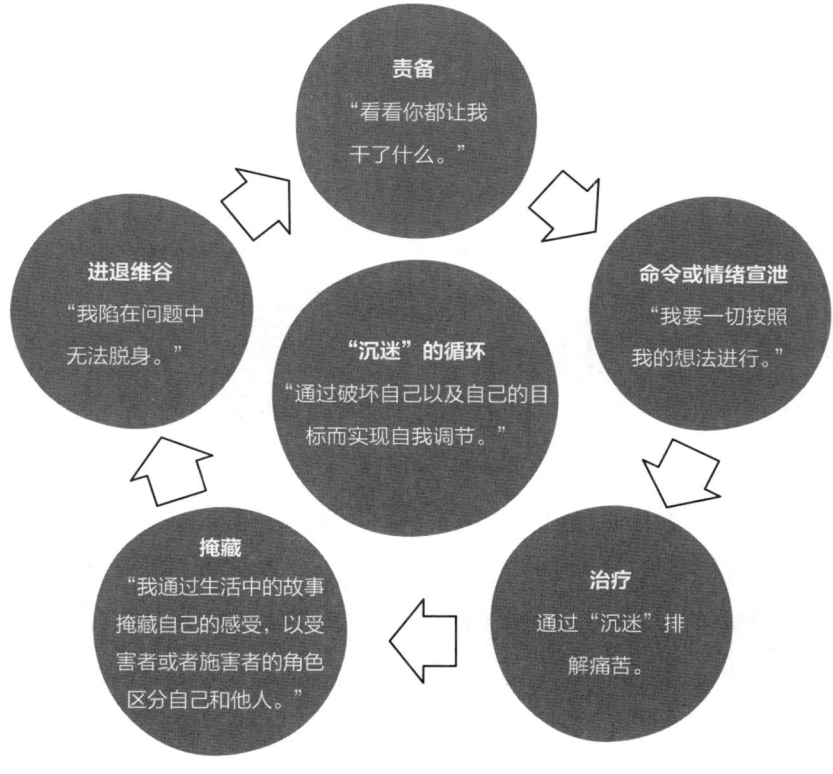

图 1 "自我破坏"的怪圈

打破"自我破坏"怪圈的关键

幸运的是，在我们生活的这个时代，各种研究和神经科学已通过确凿的证据证实了一个人尽皆知的道理：我们与自身情绪之间的关系会以某种方式塑造我们的大脑，影响我们取得成功的潜力以及人际关系的健康程度。我们需要与自己所有的情绪状态友好相处，而不是仅仅青睐那些让我们感到舒服的状态。即使某些情绪导致我们作出了出格的行为，我们也必须像对待小伙伴一样接纳它们。

每一次冲突都始于情绪上的不安。要想解决问题，我们必须首先管理好自己的不安，然后才能优雅地解决冲突，创造出双赢的解决方案。但是我们中的大多数人并不能克服自己情绪上的不安，因而也就无法顺利地解决问题！我们会困在问题中，陷入不安的情绪中无法自拔，试图通过外部手段让自己感觉舒服一点。我们会说"看看你都让我干了些什么。""看看你把你妹妹气的。"以此宣泄自己的情绪，让他人为我们的情绪状态负责。"你快把我逼疯了。""你就像一块臭肉，坏了我们班满锅的清汤。"我们坚持认为，必须让别人作出改变，我们才能感到快乐、平和。也就是说，我们必须要控制他人，而不是与他人友好相处。我想每个人都十分清楚这种做法曾为我们带来过什么样的伤害。当我们看着自己的孩子，我们意识到审视和改善自身情绪健康状况的紧迫性，只有这样我们才能帮助他们形成健康的情绪罗盘（emotional compass），而这正是取得人生成就所必需的。

自我调节（self-regulation）正是构成情绪健康和取得人生成就的基本组成部分。自我调节是指在实现目标的过程中有意识地和无意识地调整自身思想、情感和行为的能力，又称作"自制力"（self-control）或者"冲动控制"（impulse control），这些词汇经常是可以互换的。调节我们的思想、情感以及行为不等于控制它们。正如我们无法控制天气变化一样，我们同样无法控制（control）自己的情绪。但是我们可以管理（manage）自己的情绪，就像在下雨时带上一把雨伞，或者在天寒地冻时穿上厚厚的外套。当我们学会调整自己的情绪时，随之而来的智慧与道德罗盘（moral compass）就能让我们从中受益。没有健康的情绪发展，我们只会听从房间里最响的声音，而不是我们内心中平静的声音。对于儿童而言，这个最响的声音正来自他们的父母。随着他们一天天长大，这种声音会转而来自他们的同辈、商业广告，并最终来自他们的人生伴侣。童年时期生机勃勃的自我意识逐渐消失，在他们进入而立之年前早已变成自我怀疑。

在我们的身体中，情绪扮演着很多生存技能。整合（integration）就是其中最为强大的一个。整合就是将各种差异化的部分联系起来形成一个整体。肺与心脏各自发挥着专门的、差异化的功能，但二者如果不能有效地整合，我们就会死去；办公室的工作人员都有自己的专职工作，如果他们之间沟通不畅，公司就会倒闭；不同地区的人们拥有独特而各异的文化和传统，他们让社会绚丽多彩。但是，如果他们不能很好地彼此融合，那么社会则可能面临种种困扰。如果一所学校里的孩子们来自不同的地区并且对自己所在的集体没有强烈的归属感，那么他们的合作意愿就会降低，学校的风气就会变质，孩子们就难以充分发挥他们的潜能。能否彼此融合并形成一个有机的整体对于我们的身体、社会以及学校的健康来说都是至关重要的。

打个比方，在企业里，整合是管理层义不容辞的责任。首席执行官、经理或主管有责任确保各部门在恪守自己工作职责的同时，能够与其他部门密切配合。情绪就像是我们大脑中的管理者，它能够整合我们的神经系统，使我们成为一个和谐、积极进取的有机体，使我们留意自己的想法、感受和行为，学会换位思考，善于解决问题、设定和实现目标并与他人进行良好的互动。情绪就像一座桥，我们必须跨过它才能从问题走向解决。情绪让我成为了最好的自己，同时也为整个世界作出有益的贡献。如果不能管理自己的情绪，我会很容易扭曲自己的形象，也就无法为社会作出贡献。在某些最极端的情况下，我会毫无节制地消耗和破坏这个让我赖以生存的社会，并认为自己的行为是理所应当的。

我们对自身情绪的认识又有多少呢？我猜很多人对自身情绪的认识与蹒跚学步的孩子们别无二致。你认同这种说法吗，或者这种说法是否让你惊讶不已？一个蹒跚学步的儿童大概明白两种状态：快乐和不快乐。当我有可口的食物、干爽的尿布以及深爱着我的家人陪伴时，生活是如此美好；当我感到饥饿，穿着湿漉漉的衣服或者孤零零一个人时，生活变得如此糟糕。如果你问成人他们有什么看法，你大概会得到两种答案：美好与不安。当一切顺风顺水、恰如心意时，生活当然是美好的；反之，生活便会让人感到不安。在面对升级自身情绪认识的迫切需要时，我们还在踟蹰不前吗？

你将会从本书中学到实现自我情绪调节的五个关键步骤，分别是：触发情绪（I Am）、积极暂停（I Calm）、识别情绪（I Feel）、调节情绪（I Choose）和解决问题（I Solve）（见图2）。这些步骤可以让我们的情绪顺利完成它们的整合职能，同时成为联系问题和解决问题的桥梁。如果我们要与孩子们、人生伴侣以及其他人发展并保持健康的人际关系，那我们必须要顺利地通过这座桥梁。如果不能学会更好的应对方式并且清晰地意识到那些习惯性的反应，那些失控的情绪、思想和行为将延续到我们的下一代，他们会继续重演"遵我言，勿效我行"（Do what I say, not what I do.）的做法。到了某个特定的时刻,我们必须要下定决心打破这种循环。我不要再将长辈不合理的做法延续到下一代。我要帮助孩子们走向成功,而不是破坏和阻碍他们的成长。

本书的目的是通过一套系统化的方法帮助你逐渐从破坏式的行为教育转变为支持和帮助式教育模式,并最终让孩子走向成功。一旦作为成人的我们强化了自身的综合技能,我们就可以运用它们来辅导和教育孩子。请仔细阅读下文中的各项目标和辅导方法。正如我们作为人类自身的强大一样,这也是一个带给我们力量的项目。

图2　自我情绪调节的关键步骤

管理混乱情绪：儿童自我情绪调节 5 步法

目标

本书的总体目标是帮助我们以及我们的孩子实现更好的自我情绪调节。看看这些具体的目标是否贴合你内心中对于个人成长以及对你的孩子的最热切的期待。请在与你的理念相符的项目前打"√"。

成人的目标

本书中，我们将学习以下内容（请标记出你希望实现的目标）。

- ☐ 培养自己的自我情绪调节技能，在刺激和反应之间提供一个暂停。这种暂停可以阻断我们的下意识反应。
- ☐ 更加深刻地认识我们自己以及我们的孩子，包括识别引发情绪问题的"导火索"，并且准确地说出相应的感受。这种认知能够让情绪自然而然地完成它们的整合功能。
- ☐ 在事情发生的瞬间，用一种相互理解、和谐自然的方式回应孩子情绪和行为上的不安。
- ☐ 成人恰当的反应将会促进孩子们自我情绪调节技能的发展。
- ☐ 辅导孩子们独立使用五步法调节自身的情绪。当我们辅导和教育孩子们时，我们会培养他们利用这些技能的能力，同时强化我们自身对这些技能的运用。

《管理混乱情绪》是智慧自律（Conscious Discipline）的组成部分。智慧自律是一个更加宏大、全面、完整的自我调节项目，集社会情感学习以及儿童行为教育于一体。它建立在前沿的脑科学

> 研究基础上，通过科学和切实可行的方式为成人和儿童赋能，将冲突转变为学习关键生活技能的机会。

孩子的目标

通过学习，我们将有能力帮助孩子做到以下方面（请标记出你希望孩子实现的目标）。

☐ 认识到自己的情绪已经被"点燃"，并且开始自我情绪调节过程。

☐ 开始主动让自己冷静下来，为实现自我情绪调节创造机会。

☐ 清楚地说出自己内心的感受，并且能够识别他人的情绪状态。这是培养同理心和爱心的基础技能。

☐ 学会选择适当的方式让自己冷静下来，采取恰当的做法从不安的状态转变为理想的学习状态。

☐ 学会利用更好的生活技能应对令人沮丧的事件并且解决问题。培养社会意识、负责任地决策以及沟通技能，其目的是培养健康的人际关系和实现目标。

☐ 随着儿童一次次重复这五个步骤，道德罗盘将会指引他们采取健康有益的沟通方式，作出正确的决定，并最终解决问题。

辅导方法

与教学相结合。在小孩子的世界里，情绪不安每天都在发生。尽管我们已经设置好了行为的边界，明确了需要遵守的规则，但经常事与愿违，冲突时有发生。我们应该将冲突转变为合作，而不是忽视孩子们不安的情绪，停课、给予奖励或者剥夺应有的权利。在智慧自律中，我们称为"教育机会"，而不是"管教出格行为"。教育机会要求我们通过辅导帮助孩子们先转变他们的内在状态，然后教授新的行为技能。这样做，我们便能创造机会，把冲突当作一个工具，从而学习生活技能和社会技能。成人可以将孩子破坏课堂纪律的行为作为教育机会，从而帮助他们学会新的社会情感和自我情绪调节技能。三个孩子的妈妈托妮说：

"我从未想过当孩子情绪不安时，我的回应竟会产生如此大的力量。我本以为我的职责就是让孩子们行为得体即可。如果能让他们按时睡觉、按时上学、言谈举止得体、按时完成作业，那样我作为家长的职责就算是完成了。一天，我的大儿子像往常一样喋喋不休，我并没有马上回以严厉的目光，也没有提醒他自己的行为有多么粗鲁，而是说：'你看起来很生气。你本想今天下午和朋友们多玩一会儿。'他整个人都变了！我变了，他也变了，从那以后我们的关系也变了。我太爱'自我情绪调节'了，它简直就是我最好的朋友！如果我没有冷静下来，而是为他的顶撞行为（我承认，他这些大多是跟我学的）斤斤计较，那么我就永远无法真正帮助他。"

与安全角相结合。在智慧自律的理念中，安全角是社会情感学习中的核心结构之一。安全角是家庭或教室里设置的一个区域，孩子可以在这块区域中练习使用自我情绪调节技能。

情绪波动时，走到安全角练习自我情绪调节技能是取得成功的关键，因为大脑的运行与人的状态息息相关。大脑只能通过人在经历某种特定状态时不断重复的行为重新设定大脑回路，从而实现行为的转变。孩子们可能会唱一些与愤怒情绪有关的歌曲，会通过角色扮演练习愤怒管理技能，并且可以识别哪些是愤怒的表情，但可能仍然无法调节自己的愤怒情绪以及在此种情绪下作出的行为。这是因为孩子们只有在大脑和身体都进入愤怒状态时，才能学会如何调节自己的愤怒情绪。在安全角，孩子们会经历非常强烈的情绪，并且能够采取恰当的方式应对，因此他们的大脑可以根据自我情绪调节策略建构新的行为模式。

家校合作

长期以来，每当涉及行为教育，家长和教师经常各执一词。教师要求家长督促他们的子女在校时行为举止要得体，而家长则不断地抱怨称"我的孩子在家里根本就没有这些问题"。当家长和教师情绪状态良好时，可以在15分钟的家长会以及偶尔举办的学校活动上倾听彼此的想法；当家长和教师情绪状态不好时，会不留情面地互相指责。家庭和学校早就应该合作了。我相信，双方的合作是社会发展进步的关键。自我情绪调节以及冲动控制的能力并不是自发产生的，它们属于技能的范畴，不仅能通过家庭和文化等途径习得，也能通过学校和教师的教育习得（Nagin & Tremblay, 1999）。我写这本书的目的是希望家长和教育工作者能够真正站在同一战线上，为了共同的目标而努力。通过本书内容的不断深入，我们可以逐步提高自我情绪调节的技能，并且学会采取恰当的方式帮助儿童培养属于他们自己的健康的技能。希望我们收回相互指责的手，携手并进，尽我们所能成为最好的大人！

我希望家庭和学校能够合作，为实现社会情感教育这个目标而共同努力，但同时我也认识到，家长和教育工作者都有其独特的关注点和运作方式。因此，我开发了两套专门针对不同群体的自我情绪调节工具包，一套供家长使用，一套供教育工作者使用。这些工具包是本书内容的延伸，是在"心情娃娃"（Feeling Buddies）的基础上开发而来的（见图3）。"心情娃娃"由8个简易的布娃娃组成，每个娃娃脸上均精细表达着不同的情绪：愤怒、伤心、害怕、快乐、沮丧、失望、焦虑和平静。成人可以教孩子们如何帮助他们的"心情娃

图3 "心情娃娃"自我情绪调节工具包

娃"实现自我情绪调节。在此过程中，无论成人还是儿童均能亲身练习和教授同样的调节过程。本书有时会提及这些"心情娃娃"，它们是自我情绪调节过程中非常有价值的组成部分。希望本书能够鼓舞和激励你继续完成自我情绪调节这个需要持之以恒的项目。"心情娃娃"自我情绪调节工具包（教师版）和"心情娃娃"自我情绪调节工具包（家长版）将帮助你完成这一过程。

本书概述

无论你是一名教师还是家长，甚至你既是教师又是家长，我敢非常肯定地说：我们每个人都有被情绪冲昏头脑的时候。

这绝非偶然。你在正确的时间购买了这本书，并且将会从本书中得到你需要和期待的答案。是否在学习自我情绪调节的过程中使用"心情娃娃"的自我情绪调节工具包，并让自己更加深入地研究它，这完全取决于你的个人想法。本书仅仅为你指明了正确的方向，这正是你作为自己这艘船的掌舵人真正需要的。

本书由5章组成。第1章阐述了与自我情绪调节相关的基础信息。很多人对这个术语的理解可能还不够深入。你可能已经猜到它与冲动调控、自我调控和情绪调控有关，除此之外，它还有更加深刻的含义吗？在第1章中，我将为您揭示并带你一起探索自我情绪调节的方方面面。第2章将带领你反思你与自己的情绪之间的关系，以及你在儿童时期所接受的行为教育，取其精华，弃其糟粕。第3章将带领你从一个新的角度认识情绪情感传递出来的信息。第4章将引导你完成五步自我情绪调节过程，让你可以亲身实践并且以身作则。第5章提供了辅导孩子掌握自我情绪调节五步法所需的信息和语料。

开始前，我会与你分享我自己的思想、感受和行为是如何屡屡毁掉我期待已久的事物的。在前面的内容中，我们已经粗略地了解了一些新的知识和自我情绪调节。请稍微花一点时间问问自己："我的想法、感受以及行为是有利于还是有害于我最在意的目标？我是走在通往成功的路上，还是在错误的路上越走越远？"我已下定决心换一种应对的方法，你是否准备好了加入我？如果你准备好了，那我们现在就开始吧。请享受这一过程！

承诺书

我决心妥善地管理内心混乱的情绪。我愿意采取不同的做法，接受现实并且向着问题解决努力。我将不再因为自己内心的不安而责备他人，或者要求凡事都要顺着我的心意。我明白这样做会让我与所有人相处得更加融洽，当然也包括与自己的关系。它向我揭示了我最基本的想法，一直以来我都因内疚感而将其掩藏了起来，但今天我要与这种内疚感说再见了。

签名：_____ 日期：从现在开始！

我愿和贝基一起开始这趟重要的旅程。

签名：_____ 日期：_____

第1章

自我情绪调节：
健康的情绪和人际关系

Managing Emotional Mayhem

第1章
自我情绪调节：健康的情绪和人际关系

人生来便需要与他人建立各种各样的联结，这种联结关系我们的生死存亡。或许正因为如此，我们才如此渴望得到完美的伴侣、深厚的友谊以及无条件的接纳。然而，无尽的人际冲突让我们窒息，相比之下，那些充满爱意的和谐太短暂了。为了建立起成功的人际关系，我们必须首先维持自身内在稳定的情绪状态。我们将这种稳定的情绪状态称为"情绪健康"（emotional wellbeing），它与我们调节自身情绪的能力密不可分。自我情绪调节和心理健康就像胶水一样将每个人紧紧地粘在一起。它让我们有了同理心，因此我们可以透过他人的视角看待周围的世界；它培养了我们的怜悯之心，因此我们会倾尽全力帮助那些正在遭受痛苦的人。如果不能及时调整我们的想法、感受和行为，与他人的亲近往往带来的只是痛苦，而不是令人愉悦的依恋，我们的世界也会迅速四分五裂，混战不休。

我认识的每一个人都曾经说过这样的话："等我长大了，我绝不会_____我的孩子。"或者"等我长大了，我绝不会像这样对待别人。"但是我们很快就打破了这些承诺。本书通过浅显易懂的方式帮助我们修复受损的基础，并且帮助孩子们通过学习自我情绪调节五步法，实现良好的情绪健康。

> 摒弃我们成长过程中错误的做法，并且采取不同的教育策略，这要求我们有意识地认知我们的情绪，积极主动地学习如何调整自己的情绪，并且巧妙地与他人沟通这些情绪问题。如果没有上述技能，情绪可能会阻碍而不是促进我们的情绪能力发展。

情绪健康

情绪健康是情商（emotional intelligence）和社会情感学习（social emotional learning, SEL）的统称。它从广义上描述了情绪健康的一种内在状态。我在本书中广泛使用了情绪健康这个词，因为它基本涵盖了情商和社会情感学习的定义，并且二者在研究、应用和理解方面存在诸多重合。

> 情商和社会情感学习主要解决的是社会情感发展问题。丹尼尔·戈尔曼（Goleman, 1995, 1998）将情商解释为与我们的情感生活相关的一种资质（apitiude）。它包括多种技能，如识别和管

第1章 自我情绪调节：健康的情绪和人际关系

> 理情绪的能力、自我激励的能力、抑制冲动的能力以及有效处理人际关系的能力。美国学术、社会与情感学习协同发展促进组织（CASEL）致力于推动社会情感学习科学的进步，目前已经发现了五种核心的社会情感能力：自我意识（self-awareness）、自我管理（self-management）、社会意识（social-awareness）、人际关系技能（relationship skills）和负责任的决策（responsible decision-making）。

情绪健康指人在心理、生理、社会以及认知方面的健康程度。目前针对情绪、情绪发展及其对生活和学业成就的影响的研究不胜枚举。情绪健康的核心特征包括下列能力：

- 识别和理解自身感受；
- 准确解读和理解他人情绪状态；
- 建设性地管理强烈情绪的表达；
- 调整自身的行为；
- 对他人具有同理心；
- 建立和维系良好的人际关系。

（美国国家儿童发展科学顾问委员会，2005）

请暂停一下，反思自己的心理健康程度。当某种情绪产生时，你能否准确地识别自己的感受？如果你像我一样，你可能需要几个小时、几周乃至几年的时间才能准确地说出自己在某种特定情境下的真实感受。在我们的办公室，我经常会感到愤怒，并且用不当的方式发泄出来。几个月后，当我反思这些情形时，我发现隐藏在愤怒背后的是我的恐惧和无措。多年以后，我会用不同的视角看待这些情形。我很担心公司经营失败，也害怕公司取得成功。无论如何，我感觉自己对公司肩负着巨大责任，而且这些责任只能由我一力承担。这种错误的认知在我的内心深处产生了极大的压力。而现在，我认识到我们的团队正在勠力同心、为此奋斗。成功或失败的重担不是只压在我自己的肩上，它们甚至不属于我工作的范畴！我的工作就是尽可能成就最好的自己，其他的一切困难都会迎刃而解。

自我情绪调节

自我情绪调节指调节自身思想、感受和行为的能力。它是实现情绪健康的核心，也是获得学业和生活成就的基础。这是一项基本的技能，让我们可以在冲动和行动之间插入一个暂停（Vohs & Baumeister, 2004）。如果我们在经历每一种想法、冲动和情绪压力时都意气用事，你可以想象我们的生活会变成什么样子。作为一个急性子的工作狂，我会一口气吃掉两大桶冰激凌，在穿过街道时将行走缓慢的路人撞得人仰马翻，并且创作一部儿童连续剧，而所有这一切都在午饭前完成！

> 研究表明，自我情绪调节是构成我们从阅读到与人相处的各个领域表现的基石（Lyon & Krasnegor, 1996）。

第1章 自我情绪调节：健康的情绪和人际关系

有意识的和自发性的自我情绪调节让我们可以控制这些原始的本能以及生存反应。这使我们可以作出选择、决策以及规划。要想服从规则、实现目标并保持良好的自我承诺和人际关系，调整和抑制我们的冲动是必不可少的。这关系到我们是否能够与人和平相处、充分尊重每个人的自由，并且勇于承担自身的责任（Bronson，2000）。

正如前言中所述，本书是对"智慧自律"的拓展和延续。智慧自律的大脑状态模型建立在大脑状态及其与行为之间的相互关系的基础之上。在《智慧自律：儿童自我管理的7个技能》一书中，我们分别讨论了以生存为基础的低级别大脑状态以及各种功能完善的高级别大脑状态（Bailey，2000）。脑科学研究表明，自我情绪调节属于一项高阶技能，与前额叶的成熟发育密不可分，而前额叶则通常被称作大脑的首席执行官。前额叶为我们提供了各种执行技能（executive skills）。这些技能使我们可以设定和实现目标，抛开各种纷扰保持专注，与他人友好相处，展现我们的同理心并且解决各种问题。如果没有自我情绪调节能力，这些技能均无法完全发展成熟或者为我们所用。没有这项基础技能，要想在学业、个人生活以及人际关系方面取得成功是很难实现的。

抑制自己的冲动，停止（开始）做某件我们想（不想）做的事情，这是极其困难的，但也是一项必不可少的能力。通过我们积极、恰当的引导，孩子们在其幼儿时期便已经可以在情绪健康和自我情绪调节方面取得显著的进步。幼教的目的之一就是开发大脑高级神经中枢的各种能力，从而克服低级神经中枢产生的冲动。在《智慧自律：儿童自我管理的7个技能》中，我将其称作"从无意识地反应到有意识地回应生活事件的转变"。这个过程中的关键在于对内在状态的调整。

一般来说，当孩子们表现出消极情绪时，成人会作出两种不同的回应方式，分别是"情感辅导"（emotion coaching）和"傲慢地忽视"（emotion dismissive）。前者是你将在本书中学到的内容，而后者则是我们大多数人在现有的家庭文化中"熏陶"出来的回应方式。情感辅导将儿童的情绪表达视作一个宝贵的机会，从而使我们可以探究他们的内心世界并且教授他们情绪、表达以及应对相关的技能。情绪辅导认为"情绪是有价值的"。建立在情绪辅导基础上的亲子教育能够提高孩子调节自身情绪的能力，并且能够促进他们自尊心、同理心和同情心的发展。忽视型的父母则将情绪视作一种危险的事物，要力图避免或者削弱它们。以忽视为核心的亲子教育埋下了种种隐患，最终会导致孩子们自我调节能力差、行为问题突出、缺乏同理心（Gottman et al., 1996; Kanat-Maymom & Assor, 2010; Lunkenheimer, Shields, & Cortina, 2007）。我们将会在第 2 章中详细探讨这些回应方式。现在，我们先来了解一下相关的研究和常识为我们揭示了哪些道理。

- 越来越多的人担心孩子们在初入校园时并没有掌握他们所需的自我情绪调节技能（Raver & Knitzer, 2002）。

思考：你有没有注意到孩子们越来越容易行为失控，越来越难以管教？

- 对于那些控制型的家长，他们的子女更加易怒，并且更加缺少同理心（Strayer & Roberts, 2004）。

思考：你是否已经在心中想到了某个类似的家庭？

- 在某些幼教中心，每天出现儿童间的严重打架行为的频率达到6次以上（Kupersmidt, Bryant, & Willoughby, 2000; Willoughby, Kupersmidt, & Bryant, 2001）。

思考：如果在你所在的学校开展调研，结果会如何？你的孩子是否参与或旁观了打架？

- 如果幼儿教师不能很好地处理社会情感问题，这些不加节制的行为会在儿童间不断地重复上演，并且随着他们年龄的增长而愈演愈烈，要想改变更是难上加难（Arnold, McWilliams, & Arnold, 1998）。

思考：你觉得这种情形近年来有明显改观吗？

- 控制型的家长会压制或者忽视子女的感受，他们的子女长大成人后会面临两个情感发展缺陷：①不能很好地识别自己以及他人的情绪；②难以在伴侣身处困境时给予善解人意的支持（Roth et al., 2009）。

思考：请想象你的成年朋友和同事，你是否觉得他们中间有人是在这种童年环境中长大的？

- 据教师称，他们感到无所适从，不知该如何帮助这些儿童。随着类似的情形越来越多，教师们只能把那些有行为问题的孩子从课堂上赶出去（Gilliam, 2005; Raver & Knitzer, 2002）。

思考：你是对未来充满希望，还是已经疲惫不堪，无力真正为儿童和家庭排忧解难？

- 教师们已经被孩子们层出不穷的行为失控问题折磨得精疲力竭，这种情形正在不断加剧（Hastings, 2003）。

25

思考：如果你是一名教师，你从事这份职业后发生了哪些变化？如果你是一名家长，从你年幼到如今，学校里发生了哪些变化？

缺乏自我情绪调节能力产生的后果已经清楚地表明，解决情绪健康问题至关重要。作为成人，我们必须首先正视我们自身的自我情绪调节和情绪健康问题。我们必须更加深刻地认识到，我们和孩子们互动的方式将影响他们自我情绪调节能力的发展。这要求我们要认真地审视我们与自身情绪之间的关系，并发自内心地提升我们的情绪智力，这样才能为孩子们以及我们自己创造更加美好的未来。本书将为你和你的孩子们提供一定的帮助。如果我们不能有效地解决自我情绪调节问题，并且引导孩子们在出现情绪问题时作出不同的反应，那么等待我们的将是非常可怕的后果。下面这份调查可以让我们一窥缺失自我情绪调节能力的未来。

- 如果儿童在幼年时期未能充分练习自己的情绪调节能力，那么他们相应的大脑区域就无法完全发育，成年后依然会像两岁时那样经常作出叛逆和反抗行为（Boyd, Barnett, Bodrova, Leong, & Gomby, 2005）。

思考：你上一次大发雷霆是什么时候？

- 一项长达20年的研究发现，自我情绪调节能力（而非智商或者入学时的阅读和数学能力）将直接影响孩子在校期间的成绩（Bronson & Merryman, 2009）。

思考：你是否注意到，行为问题突出的孩子学习成绩同时也较差？

- 从根本上来说，我们都是以自我为中心的，并且很难跳脱自我认知的限制。没有自我情绪调节，我们就无法超越与生俱来的想要将自我特质投射到他人身上的念头（Decety & Hodges, 2006）。

思考：你是否注意到你对他人的评判正是你对自己的担忧？

- 缺乏自我情绪调节能力的儿童更容易出现纪律问题，也更难实现从家庭到幼儿园的顺利过渡（Huffman, Mehlinger, & Kerivan, 2001）。

思考：如果你是一名教师，你是否经常会想："如果他再多和我待一年会怎样？"作为一名家长，你是否经常怀疑自己的孩子是否为学前班、幼儿园或者某个阶段的学习做好了准备？

- 在学龄前没有学会自我情绪调节的儿童可能会变成那些整天欺负别人的"坏孩子"，而想要在之后的岁月里打破这种坏习惯是很难的（Nagin & Tremblay, 1999; Shonkoff & Phillips, 2000）。

- 动机与自我情绪调节是密不可分的。我们生来就具备极强的自我情绪调节动机。大脑早已为互相帮助、彼此合作做好了准备。我们必须学习如何开发这种与生俱来的系统，而不是使用外部控制手段取而代之（Bailey, 2011）。

思考：你有没有注意到，当一个对学习充满了热情的四岁小孩长到八岁时，他居然会说出"如果我乖乖的，那我能得到什么？"这样的话？

> 自我情绪调节对孩子的情绪韧性发展以及此后在面对生活挑战时是否能够作出恰当调整发挥着巨大的作用（Eisenberg et al., 2004）。

管教和自我情绪调节之间的关系

我们大多数人都是在一种认为"管教就是惩罚"的文化氛围中成长的。家长认为，管教就是用某种手段迫使孩子乖乖听话，而不是在孩子们内心中培养某种品质；教师认为，管教和人际关系丝毫扯不上任何关系，它只是社会上提供的、可以花钱购买的或者采纳的某种体系，其目的是维持秩序。学校教育的目标是教育孩子们做个好孩子、懂礼貌。而"懂礼貌"也只不过是"服从"的另一种表达方式罢了。管教就像是一个从成人到孩子的单向行为，我们根本不知道管教与人际关系、现在或未来是否存在着任何关系。事实上，我们成人处理我们与儿童之间以及不同儿童之间冲突的方式，既可能促进也可能抑制儿童在未来的生活中自我情绪调节能力的发展。

大多数人都对外部施加的、建立在评判基础上的管教方式耳熟能详。如果我们评判某个儿童很优秀，他会得到某种形式的奖励；如果我们评判某个儿童很差劲，我们会拿走他的玩具、剥夺他本应享有的权利或者让他承受某个令人厌恶的后果，比如给他开一份违纪通报或者施加体罚。外部系统遵循了朴素的"刺激—反应"模式：我们用好与坏评判孩子，然后给出相应的外部后果。在这种传统的奖惩式教育体系中根本不存在暂停，也不存在"刺激—暂停—反应"这样的自我指引和更高阶的思考。这并不会教孩子学会自我情绪调节或者自控。它唯一能够教会孩子的仅仅是"外部因素控制着我们，他人在调节我们的情绪"。

在以奖惩式教育为主的家庭中长大的孩子，很难从依赖他人引导转向善于发掘自身的智慧。"管教"通常指来自外部的力量，而不是源于儿童自身的力量。这些儿童会穷其一生努力寻找作为他们道德罗盘的事件、情境和人物。年幼时，他们依赖成人的评判来决定自己是好还是坏；少年时，他们需要听朋友的建议才能作出自己的选择；恋爱中，他们的快乐要建立在伴侣的心情的基础之上。除非他们能够有意识地作出转变，否则他们将会依赖外部力量控制自己，而不是真正听从自己内心的指引。

孩子早在可以用语言描述自己的感受或者想办法应对生活中的事件前，便已经在对情绪作出反应了（来自大脑低级神经中枢的反应）(Greenberg & Snell, 1997)。对儿童幼年时期的行为教育要求我们帮助孩子从大脑低级神经中枢的反应进阶到高级神经中枢的反应，这样可以让他们恰当地应对当时的情境。被大脑低级神经中枢支配时，孩子的唤醒水平加上意愿就引发了他们的行为。"我想要什么就一定要得到什么。如果得不到，那我就大喊大叫、咬人、抢东西或者打人。"而大脑高级神经中枢的前额叶可以让孩子们抑制他们的基本冲动，并且使用自我情绪调节技能取而代之，如挫折耐受力、情绪管理能力和解决问题的能力。比如："我想要玩，我问问大人可不可以让我玩。如果不行，那我要处理好自己的失望情绪，然后等待或者找点其他的东西玩。"

智慧自律让我们抛弃奖惩式教育，转而通过安全感、情感联结以及解决问题为建设良好的课堂和家庭环境奠定基础（见图 1-1）。通过这种方式，我们可以在刺激与反应之间增加一个"暂停"过程，从而帮助孩子们实现自我情绪调节。智慧自律认为，这种暂停就是实现自我情绪调节的能力，从而有意识地识别和管理自己的内在状态，让我们能做回真正的自己。当我们感到愤怒时，我们会困在打人和骂人这两个选项之间无法脱身；而通过智慧自律，我们学会说"我不喜欢你这样推我，请让开。"我们学会利用愤怒的力量激励自己将无意识的反应转变为健康的回应，从而维系我们的人际关系。本书运用了智慧自律的各种力量，帮助成人为自身及其所照看的孩子们增加这个暂停的过程。

安全感　　　　　情感联结　　　　　解决问题

图 1-1　智慧自律的三个核心要素

> 儿童需要成人的引导。这种引导是深深嵌入儿童与每个成人的关系中的，家长可以为孩子们提供主要的情感纽带。教育者则通常可以提供次要的情感纽带，因此教育者必须深刻地认识到：教育者与自己所照看的孩子建立和保持健康的关系具有强大的力量，并且发挥着重要的作用。对于教师而言，教书与育人都是他们义不容辞的责任。

表 1-1 显示了建立在奖惩制度基础上的传统教育与智慧自律在观念结构方面的差异。

表 1-1 传统教育和智慧自律的观念结构差异

传统教育	智慧自律
我们可以通过操纵环境来控制他人。	自控和改变自己是可能的,并且对他人也有深远的影响。
规则支配行为。	联结和互动支配行为。
冲突是对学习过程的破坏。	冲突是教学的好时机。

大多数传统教育模式明确或含蓄教育孩子:

1. 你要为别人的感受承担责任。"看看你把你弟弟气的。""你让全家都不能好好吃饭。""你要把我逼疯了。""你让其他人都没法学习。"我们无意识地让孩子为其他成人及孩子的情绪负责,而不是为他们自己的行为负责。

2. 让我(教育者)来告诉你应该怎么想。"你应该为自己的行为感到羞耻。""你应该感到难过。""看看你都干了什么!你现在开心了吗?"告诉孩子他们该怎么想,这剥夺了孩子听从自己内心指引的机会。

3. 情绪很危险:它可以并且一定会伤害到你。"你可别惹我生气。""你们别招惹我,否则有你们两个好受的。""你爸正在气头上,等他平静下来再说。""你想哭?我让你哭个够!""噢,宝贝这没什么,去吃点冰激凌吧。""别担心,我来搞定。你不会有事的。""我去你的学校找你们老师谈谈。谁都有把作业落在家里的时候。"如果你的父母告诉你情绪是危险的,你会不会努力避开它?

这些观念是在无意识的状态下一代代传递下来的，使孩子无法充分认识自己的情绪状态以及自己与生俱来的智慧。这些观念会侵蚀他们的自信，反过来也会伤害到他们对他人的信任。这种观念教导孩子们"同理心是没有价值的，实现自己的愿望才是快乐和内心平静的源泉，控制他人就等于调节自身的情绪状态"。这种观念导致了两个非常麻烦的心理健康问题。首先，它不利于孩子与他人建立和维持健康的人际关系。其次，它传递了一种错误的认知，即外界的事物会为我们带来快乐和内心的平静。大多数人在自己的生活中都会认为金钱、物质或者他人是我们快乐的来源，但最终却发现这些东西都是暂时的、靠不住的。智慧自律以及本书介绍的自我情绪调节五步法可以帮助我们改变这些不健康的情绪模式。

智慧自律和自我情绪调节

自我情绪调节五步法是建立在智慧自律的两个基础概念之上的，这让我们可以摒弃我们幼年时期接受的错误的行为教育方式，转而拥抱新的教育方式。

1. 赠人玫瑰，手有余香。你在困境中能够保持冷静的能力越强，你帮助他人的能力也会越强；如果你一味地指责他人，你最终也会发现自己不堪大任。当你教育孩子管理他们的情绪状态时，你也在提高自身的情绪管理能力。

2. 控制你情绪的人也控制了你。如果交通状况令你感到愤怒，那么交通就在控制着你；如果孩子让你感到倍受挫折，那么你就是把自己交给孩子掌握；如果你的另一半让你感到不快乐，那么你就是让他（她）掌控了你的情绪。当你觉得交通状况、孩子以及你的伴侣应该为你的内在状态承担责任时，他们就拥有了让事情为了你而变得更好或更糟的力量和责任。你将无力作出改变，唯有依靠他人才能获得快乐和内心的平静。最终，你成了生活的受害者。相反，我们可以选择利用自我情绪调节做回自己情绪的主人，收回我们的力量，并且为自己承担应有的责任。

> 当我们最终审视自己的内心时，我们发现快乐是一种选择，而不是某一个结果。我们发现，即使在经历最难熬的困境时，我们依然可以选择保持平和的心态。在经历过对完美家庭、子女、伴侣、职业，以及身体健康孜孜不倦的追求后，我们逐渐认识到：快乐是我们生命中固有的。当作为成人的我们发现了这个真理时，我们会有强烈的意愿帮助孩子体验不同于以往的教育模式。在对孩子进行行为教育的过程中，我们可以心平气和地应对孩子的情绪状态。当我们体会到，做自己情绪的主人会带来无与伦比的平静和快乐后，我们就可以帮助孩子实现同样的目标。我们可以从容地应对任何问题。这就是智慧自律和自我情绪调节五步法赋予我们的力量。

赠人玫瑰，手有余香

如果我们一味地责备他人，我们也会觉得自己不够优秀；如果我们为他人送上美好的祝愿，我们的内心也会感到平静。这个过程大致如此：当我写下这些文字向你传授技能时，我本身在自我情绪调节方面也会做得更好；当你辅导和教授孩子如何管理他们的情绪时，你也在强化自身的情绪调节技能。当孩子教授和辅导他们的"心情娃娃"（详见第 5 章），他们自身在社会和情感能力方面也在逐步成长。这是一个非常强大的项目，每个人都能从中受益。当每个人为了自己的情绪健康而孜孜不倦地努力时，整个社会的情绪健康也在蓬勃发展。学习任何事物的最佳方法就是把它教给其他人。这让我们想起了经典的《猫和老鼠》动画片：老鼠吃了奶酪，猫追老鼠，狗追猫。但是在这个案例中，我们帮助了孩子，孩子继续帮助他们的"心情娃娃"，每一个人都乐在其中。重要的是，我们学习并且真心地拥抱自我情绪调节五步法，因此每个人都可以成为我们真正期待的样子。

控制你情绪的人也控制了你

当我们试图让他人为我们的痛苦感受承担责任时，我们也在把让自己开心的责任和力量让给他人。"本质上，我内心的不安都是因为你的错误造成的，所以你必须为了我而改变你自己，这样我才能达到内心的平静和快乐。"在研讨会上，我使用了沙滩球作为示范。我在沙滩球上用记号笔写上"感受""力量"和"责任"几个大字。沙滩球表示掌控感受的人同时也拥有了改变的力量和责任。然后我们会通过角色扮演的方式示范各种场景，参与者可以用力地将沙滩球丢给或者轻轻地递给其他人，以此表示对情绪的掌控权（可通过"心情娃娃"视频观看与此相关的示例）。下面这个场景展现了约书亚与他的老师格伦达之间互相推卸沙滩球的过程（持有沙滩球的人掌控着你的感受）。请看约书亚和老师是如何试图让对方为自己内心的不安负责的。

格伦达老师："约书亚，该整理房间了。把所有积木都捡起来，然后放在架子上。"（格伦达掌控着她自己的内在状态。她继续拿着代表着力量、感受和责任的沙滩球，而约书亚也拿着他自己的沙滩球。）

约书亚对老师的话充耳不闻，并且继续搭积木玩。（格伦达老师和约书亚仍然掌控着他们各自的内在状态。）

但是格伦达老师今天感到非常疲惫，她没有心情和约书亚纠缠。

格伦达老师："约书亚，我今天不想再重复说了。马上把积木都捡起来！别捣蛋。"（格伦达老师用力把球丢给了约书亚。她通过语言和肢体动作传递出来的信息是："你让我感到很难过。"）

约书亚："闭嘴，离我远点。"（约书亚通过冒犯性的语言把球丢回格伦达老师手中。他传递出来的信息是："你难过不难过和我无关，那是你自己的事！"）

格伦达老师："不许这样跟我说话。你太不懂礼貌了。我可不吃这一套！马上到边上站着。别等我亲自过去。"（格伦达老师感到更难过了，她用力把球丢回给约书亚。她传递出来的信息是："你最好现在让我开心点，否则你会惹上大麻烦。"）

约书亚踢翻了身边半径 60 厘米内的所有积木，把架子上的其他玩具都推翻在地，并且企图用拳头打格伦达老师。（约书亚的行为表明，他不愿理会格伦达老师不安的内在状态。他仿佛在说："你开心不开心和我无关。"）

你是否注意到，格伦达老师不断将她的力量交给约书亚，要求他改变自己的行为，让格伦达老师的内心重归平静。约书亚表达了抗议，双方均产生了一种无力感。在这种充满了无力感的状态下，互相攻击和责备很快就会出现，问题更加激化了。

将我们因无法识别、管控和辨明自身感受而产生的挫折感投射到他人身上，会导致一种非常危险的逻辑：如果你让我生气，那就是你的错，因此你必须改变自己的行为，让我高兴起来。如果你让我生气，那么我必须控制你，这样才能调整我自己的心情和状态。换一个角度，学习识别、管理和辨明自己的感受，将引出下列健康的逻辑：

如果我感到愤怒，我会选择管理自己的情感，并且利用它激励自己实现转变。我可以调节自己，并且心平气和地与你沟通。

双方都可以选择通过责备激起更多的怨恨，还是通过分享建立起更多的爱。儿童生来具有一种内在的情绪指引系统，但是十分不成熟。既然成人为儿童的愿望和行为设定了各种条条框框，他们会认为自己的情绪状态正是由成人的行为所导致的，是成人让他们感到生气、伤心、害怕或者开心。然而，成人应该做的是慢慢地将这种责任交还给儿童。随着孩子逐渐长大，成人必须为孩子的行为设置各种限制，但同时还应让他们明白他们在掌管着自己的感受，并且应学会如何调整他们的内心世界。对于成人而言，行为教育的目的是让孩子有能力管理他们自己。只有在他们清楚地认识到自己的情绪、学会调整自己的情绪并且运用自身的智慧引导自己走向人生的下一个成功时，这种行为教育才算是合格的。

第1章 自我情绪调节：健康的情绪和人际关系

请不要再让孩子因为成人的不快而伤心难过，也不要在孩子因为自己作出了错误的选择而闷闷不乐时试图运用成人的力量"拯救"他们，我们可以换一种新的做法。无论是告诉孩子他们该有什么样的感受，还是在他们感到不快时"拯救"他们，这两种做法都会使我们错失良机。回到沙滩球的类比，我们最终仍然拿着他们的沙滩球，我们仍然要为调整他们的行为承担责任，他们也要为调整我们的行为承担责任。相反，如果我们学会切身感受、管理和调整我们自己的内在状态，那么结果会是什么样子呢？

> **格伦达老师**："约书亚，该整理房间了。把所有积木都捡起来，然后放在架子上。"（格伦达老师和约书亚分别在控制着自己的内在状态。）
>
> 约书亚对老师的话充耳不闻，并且继续搭积木玩。（格伦达老师没有发脾气。她控制着自己的内在状态，约书亚也在控制着他自己的内在状态。）
>
> 格伦达老师今天感到非常疲惫，她没有心情和约书亚纠缠。她清醒地认识到这种挫折感正在自己心中酝酿。她平静地做了一次深呼吸，然后对自己说："我很安全，保持呼吸。我可以从容应对。"内心平静下来后，她马上走到约书亚身边等待着和他进行眼神交流，帮助他把关注的焦点从玩耍转移到整理房间上来。
>
> **格伦达老师**："约书亚，你在这儿呢。该整理房间了。你有一个选择：你可以先整理小汽车，也可以先整理用来搭建道路的积木。你选哪个？"（格伦达老师控制着她自己的内在状态，并且把球交给约书亚，让他有机会通过选择改变自己的内在状态。）

> 约书亚："闭嘴，离我远点。"（约书亚用充满冒犯的语言把球丢给格伦达老师。他传递的信息是："我很生气，都是你的错。"）
>
> 格伦达老师："你看起来很生气。你想再多玩一会儿，并且搭好道路。停止玩耍并且还要整理房间让你感到很难过。但你可以做到的，约书亚。来和我一起深呼吸。"格伦达老师完成了一次舒缓的深呼吸，帮助约书亚平静下来并且控制住自己的愤怒。（格伦达老师轻轻地把球递给约书亚，鼓励他为自己的下一次选择承担责任。）
>
> 约书亚："我想继续搭积木。"（约书亚十分自信地说出了自己的想法。他完全有能力掌控自己的沙滩球。）
>
> 格伦达老师："你非常努力地搭建道路。现在停下来让你心有不甘。你可以做到的。你有一个选择：你可以先整理小汽车，或者先整理搭建道路的积木块。你想先整理哪个？"
>
> 约书亚："汽车。"
>
> 格伦达老师："就是这样。你做得很好。"

相比于把自己的情绪交由他人控制，主动调节自身情绪产生的巨大力量是显而易见的。格伦达老师能够充分控制住自己内心的挫败感，并且帮助约书亚管理他的愤怒和失望。我们也面临着一个选择：我们可以用自己的情绪让孩子们更加难过，也可以辅导和帮助他们管理自己的情绪。

> 你或许在网络视频中见过一众年幼的孩子们因为看到大人撕碎一张纸或者类似的物品而哈哈笑个不停。小孩子们看到几乎任何事

第 1 章 自我情绪调节：健康的情绪和人际关系

> 情都会非常开心！他们本能地做出一些我们已经忘记的事。他们可以从所有事物中得到乐趣，而不是要求外界给他们提供快乐。

自我调节和情绪的关系

很多人会想："如果我能控制我的情绪，那么一切都将变得很美好。"自我情绪调节既不是要操纵情绪，也不是要抑制情绪的产生。这是一个整合的过程，将我们无意识的情绪转变成有意识的感受。能量从大脑低级神经中枢流向高级神经中枢的过程，可以整合我们的心智、身体和大脑，从而使我们认识到情绪释放出来的有益信号。于是我们就可以作出尽可能明智的行为。

我们是拥有社会性大脑的社会性生物。情绪提醒我们采取恰当的行为，从而维系我们的生存和人际关系。当母亲离开房间时，孩子产生的焦虑感可以让幼子紧随母亲的脚步，进而提高幼子的生存几率。愤怒（通常表现为攻击行为、勃然大怒和反抗行为）是一种心理信号，在很大程度上与口渴、饥饿以及疲惫所产生的生理信号相似，它指引我们改变自己的行为，正如上述生理信号会指挥着我们饮水、进食和睡眠一样。就像长期饥饿会导致孩子身体发育不良一样，忽视孩子的情绪状态会让他们面临社会情感发育不良的危险。

根据布鲁斯·D.佩里（Perry，2001）的研究结果，健康的自我情绪调节要求我们能够耐得住需求未得到满足而产生的苦恼。当婴儿

39

感到饥饿时，他会感到不适和难过。他会通过哭泣将这种难过的情绪告诉他人。幸运的是，有某个成人读懂了他（她）的这种信号，并且喂他一些食物，这样才能减少他的不适感和难过。经过数以千次类似的互动后，这个婴儿认识到内心的难过（情绪上的不安）是可以忍受和管理的，这样的感受终会过去。

儿童自我情绪调节系统的发育成熟离不开成人适时且恰当的回应。以焦虑感为例，一个能够与孩子"心意相通"的成人明白，"焦虑"是孩子需要安慰的信号并且可能传递出更多的信息（见第 3 章）。母亲将孩子带到我的贝基老师幼儿园时会对孩子说："妈妈走后，宝宝会感到害怕。但是贝基老师会保护你。午休后妈妈就会来接你。和我一起深呼吸，宝贝。你很安全。"但令人难过的是，我们更多时候听到的是这样的话："没关系，跟贝基老师走吧。你知道我肯定会来接你的，过来亲亲妈妈。"或者"如果你乖乖地跟着贝基老师，我来接你的时候会带你去吃麦当劳。"

如果双方之间不能做到"心意相通"，能量从大脑低级神经中枢流向高级神经中枢的过程就会受阻，孩子就会困在内心的苦恼中无法解脱。经过数千次类似的互动后，这个孩子会认识到内心的苦恼（情绪上的不安）是无法忍受的，最好通过他人给予认可或者食物的方式加以控制，如果没有别人的安抚，这种感受是无法自然而然消失的。

成人如果能够及时、恰如其分地回应孩子的苦恼，则可以在孩子的冲动（焦虑感）和行为（去幼儿园）之间增加一个短暂的停顿过程。这个过程对于所有情绪状态都是一样的。如果孩子表现出伤心、愤怒或者为难，成人需要及时捕捉到这种信号并且帮助孩子克服内心中的不适感，以到达一个整合的状态。孩子将会认识到**情绪是联系问题和解决方案的桥梁**（见图1-2），从而降低他们作出应激反应（如哭闹）或冲动反应（如打人、骂人）的可能性。随着成人不断地给予这种辅导，孩子调节自身情绪的能力也会逐渐成熟：能够在感受和行动之间增加一个暂停，认识到内心的苦恼只是暂时的，他会在某个时间点顺利度过这种苦恼，他是可以管理自己内心的感受的。就像格伦达老师和约书亚的例子所展示的那样，这种暂停使孩子能够运用自己的智慧，并且愿意在成人的教导下思考、计划并且作出恰当的回应。

图1-2 情绪是联系问题和解决方案的桥梁

情绪引导系统（EGS）

过去，人们总是对情绪的价值提出各种质疑。东方文化曾经认为过度的情绪会破坏人的生命力，同时西方文化也将情绪问题看作不道德的和没有道理的。但现在情绪问题经常备受瞩目。自然科学和常识一致认为，情绪不仅对我们有益，还是构成我们认知能力、大脑发育、身体健康以及快乐的基本要素。情绪为我们提供了一个内在的引导系统。

很多人都在使用全球定位系统（GPS）进行导航。这些导航系统为我们在路上行驶时提供了引导。它会告诉我们如何才能到达目的地，并且给出一些指令，如"1.5公里后向左转"。如果我们按照GPS的指令驾驶，我们很可能会顺利到达目的地。如果我们偏离了GPS的路线，它会重新规划一条新的路线，让我们回到正确的道路上来。我们体内还有一个发挥着类似作用的情绪系统，这就是"情绪引导系统"（Emotional Guidance System，EGS）。

我们的情绪引导系统既不是锦上添花，也不是可有可无的器具，它是我们与生俱来的一个情绪系统。它能让我们保持专注，在特定的情况下能给我们提供重要的信息，激励我们与他人交流，并且让我们能够适应千变万化的环境。我们每个人都可以利用自己的情绪引导系统。有些人的情绪引导系统会发展成一个复杂的、成熟的系统，它将引导我们获得智慧；而有些人的情绪引导系统则长期处于生存状态（survival-level），让我们作出一些过激的反应。情绪引导系统既会通过强烈的爱让我们彼此更加亲密，也会通过痛苦的经历让我们更加疏远。

要想让孩子们的情绪引导系统健康地发展和成熟，我们需要在家庭教育和学校教育中主动地、有意识地让孩子接触他们的情感引导系统，而不是分散他们的注意力，让他们与自己的情绪引导系统保持距离或者用我们的不安取而代之。当我们拥有一个健康的情绪引导系统时，我们就能将注意力转向我们的内心世界，为我们的行为承担责任，并且从错误中吸取教训。如果任由情绪引导系统萎缩，我们只能寻求外界的安慰和认可，并逐渐对此形成依赖，我们还会在面对难以消化的情绪时转移自己的注意力，并且试图寻找外界的指引。成人情绪引导系统的状态决定了我们将为这些在我们的荫蔽下成长的孩子们培养什么样的情绪引导系统。如果我们自己尚且没有健康的情绪引导系统，我们又如何以身作则地教导孩子们呢？

本质上说，情绪就是改变的载体（Damasio，1999）。情绪引导系统让我们注意到发生了一些变化（无论是好还是坏），并且告诉我们要去应对这种变化。情绪与我们心理的关系正如疼痛与我们身体的关系一样。生理上的疼痛告诉我们"注意啦！这里有问题！"它要求我们采取适当的行动，比如，起来运动一会儿，注意你的饮食或去看医生。生理上的疼痛会引起你的注意，使你无法忽视它、不愿忍受它，不能把它当作生活不够充实或者勉强度日的借口。它会让你觉得好奇，因此你会留意哪些事情会让你的状况变得更好或者更糟，并且时刻关注需要采取哪些行为。疼痛要求你的身体重归和谐，使各种身体机制彼此友好相处。情绪上的不适也发挥着同样的作用。它会吸引我们的注意，因此我们可以找出需要采取哪些行动才能和对方维持健康的关系，以及作出明智的决定。

每一种情绪均包含一个本能的行动倾向，从进化的角度来说，其目的是给我们提供一些资源，让我们可以应对引发这种情绪的诱因。情绪引导系统会指引我们从问题本身转向解决问题所需的行动。如果运用得当，情绪引导系统可以发挥促使我们改变的功能，帮助我们调整自己的情绪，因此我们可以整合大脑的高级和低级神经中枢，充分运用自己独特的智慧应对各种事件和状况。

> 疼痛要求你的身体重归和谐，让各种身体机制彼此友好相处。

拥抱我们的情绪

我们看待情绪的态度至关重要。我经常听到一些成人说："我不能让自己生气。否则我得生气一辈子。"这些成人只是在说："我成长的过程中就缺少一个能够真正理解我的人，他可以帮助我认识到愤怒是可以控制的，我的那些烦恼都会过去。"如果我们将情绪看作某个危险的或者可怕的事物，那我们只能通过社会压力、惩罚、逃避和（或）恐惧等策略管理我们（以及他人）的情绪。换言之，如果我们将情绪看作一种指引，那么我们就为情绪的发展创造了一个和谐的文化氛围。关键在于我们要真正地拥抱自己的感受及其蕴含的智慧。在下一章节中，我们将更加深入地探讨你与自身情绪之间的关系，帮助你越过成长道路上的各种障碍。现在，请你认真地思考一下瑞德·格拉默（Red Grammer）的《你好，世界》(*Hello World*) 音乐专辑中的一首歌：

感受来时

当感受来时，我用心体会它。
我希望知道它是什么。
它想要对我说什么。
无论我心烦意乱还是沉着冷静。它都是我的一部分。
这就是我本来的样子。

生气的娃娃，你看起来怒火中烧。

第 1 章 自我情绪调节：健康的情绪和人际关系

忧愁的娃娃，你为何如此忧伤？
焦虑、愉悦、愤怒、害怕，它们都是我的朋友。

沮丧告诉我要放松一下。
沉思悄悄告诉我事情的真相。
疲惫告诉我要去休息。
满足说，你做得很棒。

是时候要和自己的感受做好朋友了，是时候主动认识到情绪是我们真正的好伙伴了（见图 1-3）。

图 1-3　与情绪成为朋友[①]

---

① 本书图片均已获得北京美林嘉华教育投资有限公司授权。

第 2 章

觉醒：

我们与情绪的关系

Managing Emotional Mayhem

第 2 章

觉醒：我们与情绪的关系

你的信用卡账单和你的情绪之间存在着某种联系吗？当心情愉悦时，你是否会胡吃海喝；当感到烦恼时，你是否会用饥饿惩罚自己，试图用某种"物品"缓和你的内疚感和不适感；或者借酒浇愁，企图逃避糟糕的境遇？如果不能有意识地通过自我情绪调节来提高自己的情绪健康水平，那么情绪基石上出现的裂痕可能导致我们对食物、伴侣、电视节目、孩子们、体育锻炼、工作、药物、社交媒体、糖、购物、网络游戏、酒精或毒品等事物产生依赖。这种依赖会使我们无意中将同样的问题传递给我们的孩子。这种传递过程之所以会发生，未必是因为儿童看到我们沉迷其中无法自拔，而是因为他们发现成人总是在逃避和通过外界控制我们的感受。如果儿童没有看到我们用健康的方式解决自己的情绪问题，那他们也就无法发展出健康的自我情绪调节技能。

> 儿童只有看到成人不断地通过健康的方式解决自身的情绪问题，才能发展出健康的自我情绪调节技能。

请勾选你认为符合你个人情况的选项：

☐ 在某种程度上，我认为对的人、事和外界环境会使我感到高兴。

☐ 我总是喜欢评判和批评他人和我自己。

☐ 尽管我极力否认，但他人的认同的确支配着我的感受。

☐ 我非常努力，希望自己保持优秀，但是生活似乎总是出乎意料。

☐ 在我的内心深处，我不相信我自己能够作出明智的决定。

☐ 我知道该怎么做，但总是发现很难实现。

☐ 防御就是最好的进攻，但是我仍然觉得无法控制自己。

☐ 我经常会想，其他人、公司和情形应该是不同的。

☐ 与他人保持亲密的关系让我感到害怕。我最担心的是伤害到我所爱之人或者为之所伤。

☐ 我会试图控制别人，不愿直抒心意，并且试图让别人（的生活）按照我的想法进行。

当我读到这个清单时，有大约一半的选项与我很贴切，这让我感到担忧。如果你也深有同感，这表示你的情绪健康出现了失调或者需要全面检查，你在年幼时可能为了生存而经历过重大变故。

我们自出生以后就为了生存而不断地寻求外界支持。幼年时期，

第2章 觉醒：我们与情绪的关系

我们只能依赖他人才能让自己的需求得到满足。我们需要他人喂养，给我们穿衣服，并且教我们该怎么做。这些在生命早期最先出现的人际关系的目的就是确保我们能够生存。早期的人际关系成为我们此后与他人交往的蓝本（Szalavitz & Perry，2010）。

请想一想你年幼时的情景。当你出现情绪问题时，父母是怎样应对的？他们有没有直接说出和确认你的感受，并且将它用作教育你的机会？"你看起来很生气。你希望再玩一会儿。但是你该上床睡觉了，你可以做到的。"还是他们忽视了你的感受，因此而惩罚你，或者用其他物品诱哄你摆脱这种感受？"快上床，别让我起来再对你说一遍。"我们与自身情绪之间的关系很早就开始了，并且会持续一生。一些人发现，我们迸发的怒气会令所爱之人失望或沉默。还有一些人发现，我们的愤怒会引来成人更加狂暴的怒火。不管是哪种应对方式，我们都发现愤怒的感受很不好，它不仅仅是我们需要做出改变的内心信号。要想促进孩子们的情绪健康地发展，我们必须要作出一些必要的改变，升级我们自身的情绪引导系统。

有意识地认识到我们当前的情感水平并不是要我们去责备自己的父母。他们当然已经尽力而为，毕竟他们的父母也是这样做的。我们应该这样想：当我们的曾祖父母去看医生的时候，医生已经为他们开好了药方。以如今的知识水平来看，这种药方显得不是那么对症，但就当时而言，这是已知最好的治疗方案（相比于让水蛭吸我的血，我当然更愿意注射抗生素）。医疗从业人员很乐于反思他们的治疗策略，以获取更多的信息并且作出适当的改变。同样的道理也适用于学校教育和家庭教育。以如今的知识水平来看，以往的管教方法或许显得不合时宜，但它们是我们当时知道的最好的做法了。我们必须要时刻反思这些方法，以获取更多的信息并且因时制宜地作出改变。

觉知我们的情绪可以带来美好的转变，让人与人之间更加亲近。我们的认知越深刻，就越能抚平旧日的伤痕，越好地发挥我们的聪明才智，而不是重复祖祖辈辈流传下来的条件反射式反应。家庭成员处理自身情感问题的模式，以及他们在发生情绪问题时彼此互动的方式，是我们社会情感学习的第一课堂。下文中麦克、巴尔布和凯文之间的家庭互动是不是很熟悉？

麦克和巴尔布正在给他们六岁的孩子凯文演示，如何在新电脑上玩益智配对游戏。凯文开始了游戏，而两个家长早已按捺不住要来"帮忙"。

"凯文，点右键，右键！"麦克有点生气地说着，用手握住凯文放在触控板上的手，把光标拖到了一个按钮上。

巴尔布走了过来，拿开了丈夫的手，然后指着屏幕说："麦克，不能像这样翻牌。要点这里。凯文，快点这里。看到了吗？就是这里。"

凯文咬了咬嘴唇，手从触控板上缩了回来。

"凯文，专心点。我们在帮你呢！你还想不想学这个游戏？点这个按钮，记住这张卡，然后再点另一个按钮，你再试试。"凯文胆怯地将手放回触控板上，然后开始点击各种按钮。"凯文，你点错了。"

麦克翻了翻白眼，说："停停停！你怎么回事？有那么难吗？"

巴尔布说："先什么都不要动，看我怎么做。我来教你怎么玩。你让开。"

凯文既无法让父母开心，也不能安心地玩游戏，只好站起身。妈妈很快坐到了他的座位上。他的父母开始了争吵。"巴尔布，你做的和凯文有什么两样？难怪他这么迟钝。"凯文眨眨眼，眼中充满了泪水。

"闭嘴，麦克。你连开机都不会，更别说教别人玩游戏了，"巴尔布反驳道。父母二人都没有注意到凯文脸颊上滚落的泪水。

孩子们会从类似的情景中学习如何应对生活、情绪以及人际关系中存在的问题。凯文从这次互动中很容易得出一个结论：父母根本不在意他的感受。他会默认父母并不关心他。他会分不清控制他人和帮助他人，并且开始觉得自己是造成父母不和的根源。当类似的时刻在童年时期不断被重复，它们传递的基本的情感信息会持续一生。尽管这种生活中的学习是无意识的，但产生的影响力却非常强大，可以决定我们一生的轨迹。

凯伦的两个女儿非常爱好踢足球。她每周要开车两次带着四个女生练习足球。凯伦发现其他司机很烦人，球场上的广告牌很容易分散孩子们的注意力，汽车产生的噪声太大了。她通过指责和挖苦来发泄自己的情绪。当她开车载着孩子们在城镇转的时候，她不停地对路况、标识、其他人该如何开车、人们的行为及穿着进行评论。

"快看那个小伙子是怎么开车的。车上的人连安全带都不系。他这样会害了一车人，还有路上的人。你觉得他关心这些吗？不，他们只在意玩得开不开心。这帮自私的小兔崽子们！"

过了一会儿，她又说："怎么回事？我猜他的车上没有转向灯。他宁可撞上我，也不愿打开转向灯。"

她还说："看见这些路标了吗？看看上面都写的是什么玩意？都是一些洗脑的宣传语。还好我们不是傻子，不会相信那些乌七八糟的东西。"

凯伦用行为告诉孩子，可以用评判、指责、责备、和挖苦讽刺的方式发泄自己的沮丧。可是当她的女儿感到沮丧并且用同样的方式发泄自己的情绪时，她却很可能会警告孩子们要懂礼貌。

近期的研究表明，父母之间的互动对孩子产生的影响力甚至大于父母与孩子之间的互动（Szalavitz & Perry, 2010）。一些家长的情商很高，但也有一些人则做得很糟糕。情商高的家长会让孩子受益良多（Goleman, 1995）。最近的研究得出了以下结论。

- 拥有良好的情绪和社会技能的儿童在学校和工作中表现得更加优秀。情绪健康等同于良好的大脑发育。
- 帮助儿童管理不安的情绪就像预防一场疾病。情绪管理不善的危害无异于吸烟对健康的危害。
- 孩子学会管理和表达自身的情绪有助于建立起更加健康的人际关系。

> 近期的研究结果表明，父母之间的互动对孩子产生的影响力甚至大于父母与孩子之间的互动（Szalavitz & Perry, 2010）。

既然社会压力已经不再是维系婚姻的黏合剂，那么夫妻双方的情绪管理能力就成了婚姻状况的重要影响因素。研究表明，在婚姻生活中情绪管理能力越强的夫妻，越能有效地帮助孩子以健康的方式管理自己的情绪（Katz & Gottman, 1994）。

简而言之，情绪健康水平高的家长可以充分利用他们的情绪引导系统，他们的子女也更加聪明、健康、快乐，这些孩子会关爱自己和他人。而那些不能很好地利用自身情绪引导系统的儿童则令人震惊地出现更多的抑郁、成瘾、辍学、欺凌、暴力和虐待关系问题。

此时，有些人可能会想"家长们首先要管好他们自己的情绪！"对于教师来说也是如此。家庭可以算作社会情感学习的"第一课堂"，学校则是"第二课堂"。我们每个人都和自身的感受保持着独特的关系。就像在家里一样，当我们在学校期间被激怒时，情绪问题就产生了。教授社会情感技能的教育者应以身作则，他们的情绪健康水平对儿童的成长和学业成功具有十分巨大的影响。

当我问来自世界各地的教师，他们是否认为内在状态支配着自己的行为时，得到的绝大多数是响亮的回答"是的"。教师们能清楚地认识到他们的内在状态与合作、友善和关爱他人的意愿之间存在着紧密的联系。但是每当谈到管教时，几乎每个人都只会围绕着儿童行为大谈特谈："我可没时间去搞清楚他们处于什么样的内在状态，我必须要做的是制止那些错误行为，并且让他们专注学习！"我们口口声声地说自己没有时间帮助心烦意乱的孩子进入更高级别的内在状态，作出永久的行为转变。然而，我怀疑，我们只是不知道如何去做而已。本书提供的工具可以帮助我们完成这个过程，我们可以提高自己的情绪健康水平，并且教导孩子们实现同样的目的。这样我们就可以尽可能提高孩子在校的学习效果。一个孩子说得很对："如果你的父母正在闹离婚，你很难专心学习。"

无论作为家长还是教育者（或两者皆是），我们绝对不能总是责备过去、找借口或者逃避自己的情绪。本章的其他部分重点讨论了是什么让我们与自己的感受越来越疏远并且阻碍了我们的情绪健康发展。这可能是一段艰难的旅程，但是这对我们而言是一个安全的过程，并且是我们完全有能力做到的。请充分利用这个机会审视你的内心世界，疗愈你的情感自我，这样你就可以有效地培养孩子健康的情绪。

原生情绪系统和次生情绪系统

大多数人的情绪包括两个层面。我们称为原生情绪系统和次生情绪系统。原生情绪属于简单、本能的反应，是人体机能的基础（Spradlin，2003）。如果我们允许它们进入我们的意识系统，它们就能完成我们预期的整合功能。当一位多年不见的密友到访，我们欣喜若狂；宠物去世时，我们会痛哭，以此表达对失去它的悲伤；如果有人突然从树后面跳出来大喊一声，恐惧会抓住我们的注意力，我们会大吃一惊并屏住呼吸；如果我们在某项工作上耗费了大量时间和精力，而仅仅因为老板的几句话就要推倒重来，我们会感到愤怒，因为我们感受到了巨大的挫败感。这些都是我们的正常反应。

情绪研究者们对于究竟存在多少种原生情绪的看法并不一致。艾克曼（Ekman，2003）认为我们的原生情绪包括害怕、悲伤、愤怒、快乐、惊讶、厌恶。在本书中以及"心情娃娃"自我情绪调节工具包中，我使用了四种原生情绪，它们分别是愤怒、悲伤、害怕和快乐，同时还有它们的四个"堂兄妹"：沮丧、失望、焦虑和平静。

次生情绪被称为"次生"是因为它们与特定情况下与生俱来的生存反应之间并没有必然的联系。它们与我们信以为真的某个情节或者适应性信念有着密不可分的关系。它们会隐藏在原生情绪的背后，但我们可以通过自身的感知过滤系统察觉到它们。

次生情绪是我们在原生家庭中为生存作出适应性改变所产生的结果，是情绪给我们带来的感受。一个很好的例子就是我们在感到伤心难过后会产生羞愧感。我们会告诉孩子他们的感受是什么样的，或者他们应该产生什么样的感受，通过这种方式无意识地培养情绪的次生层面。如果成人经常对你说下面这些话，那你可能会逐渐因自己伤心难过感到羞愧："你应该为自己的这种做法感到羞耻。狗死了，我们也没办法。振作点儿。"

次生情绪会记录在我们的个人"光盘"上，"光盘"上的内容是我们在家庭生活中潜移默化形成的，并且会一代代传递下去。这些内容包括评判、假设以及未经检验的信念，并不是我们真实的原生情绪，只是描述了我们对自身感受的想法或看法。它会掩盖我们真实的情绪，使我们很难准确地辨别它们究竟是什么。羞耻、内疚、厌烦、屈辱、尴尬，这些都是常见的次生情绪。我们可能会因为对年长的叔叔大发脾气而感到惭愧，会因为在取得重大人生成就时欣喜若狂而感到尴尬。原生情绪也可能转变成次生情绪，我们会因为害怕在同辈面前发表演说而对自己感到愤怒，我们会因为自己的愤怒而感到伤心难过。我认识一位女性，她在感到愤怒、害怕、伤心或喜悦时会大哭或大笑。她的家人允许她这样做，因为他们认为这是一种被压抑的情感得到释放的过程。因此，她在任何事物上产生的次生情绪都是哭或笑。下面列举了一些常见的次生情绪的例子。

- 因为快乐而产生内疚感。
- 因为愤怒而产生焦虑感。
- 因为愤怒而产生恐惧感。
- 因为担心失去快乐而产生忧虑感。

图 2-1 显示了我们如何利用各种生活故事、辩解和次生情绪掩藏我们的原生情绪。

第2章 觉醒：我们与情绪的关系

辩解
（为了支持和维护次生情绪而编造情节）

| 我的爱人抛弃了我，因为我不可爱，不值得爱。 | 爸爸更爱我的妹妹，因为她更听话。 | 我丢了工作，因为老板对待我非常不公平。 | 请说出你的故事。 |

次生情绪

| 因为感到害怕而产生羞耻感。 | 因为感到伤心难过而产生伤痛感。 | 因为感到愤怒而产生内疚感。 |
| 因为感到愤怒而产生愤怒感。 | 因为感到伤心难过而产生愤怒感。 | 因为感到害怕而产生焦虑感。 |

原生情绪

| 愤怒 | 伤心 | 害怕 | 快乐 |

基本体验

| 关爱
愉悦 | 恐惧
不悦 |

图 2-1 掩藏原生情绪

五岁的麦蒂正在穿衣服，她刚把一条腿伸进最喜欢的牛仔裤里。她的弟弟加里森疯了似的冲进她的房间，把她推倒在地。麦蒂怒不可遏，她追赶着加里森跑到了客厅，妈妈看到麦蒂只穿了一件内衣，她感到非常震惊并且质问道:"麦蒂,你在搞什么鬼?"没等麦蒂回答,她继续说道:"没看到家里有客人在吗?你这么大了,居然还光着身子在屋里跑来跑去。"

妈妈正在试图用次生情绪掩盖麦蒂对弟弟真实的愤怒感,以及她衣冠不整出现在众人面前时的不适感,但是她并没有意识到这一点。

麦蒂说:"但是妈妈,是加里森先挑事的。我讨厌他。他是一个小屁孩,还用力推我。"

"麦蒂,你怎么敢这么说你弟弟!我们家不允许骂人。你真是既丢了自己的脸也丢了我的脸。现在滚回你的房间,穿好衣服再出来规规矩矩地见人。"

你有没有发现,麦蒂的妈妈正在用一个次生情绪引导系统压制麦蒂自身的情绪引导系统。她试图用内疚感取代麦蒂的愤怒感,命令她忽视自己内心的不安并且要她"规规矩矩"。如果麦蒂的妈妈能够辨别并且调整自己在尴尬情境背后的恐惧感,那么情形可能大不相同。如果她能够更好地运用自己的情绪引导系统,她本可以非常妥善地回应麦蒂,而不是作出过激的行为。

麦蒂跑到客厅并且惊讶地发现妈妈和众客人都在客厅。妈妈感到自己内在的情绪不断累加,并且认识到自己的尴尬处境。经过几次深呼吸后,她认识到自己想要对他人的行为作出评判,她说:"麦蒂,你攥着拳头跑进来,你的表情就像这样。你看起来很生气。肯定发生了什么事情,不然你也不会只穿着内衣就跑出来!究竟发生了什么?"

麦蒂停下来，意识到自己半裸着站在客人面前，回应道："我正在穿牛仔裤，加里森把我踢倒了。他就是个小混蛋！"

妈妈舒缓地深呼吸后说："这太令人生气了。难怪你会这么生气并且追着他跑。"

"好吧。你要怎么管管他？"麦蒂问道。

"我肯定会的。我会帮你好好和加里森谈谈，你可以告诉他该如何尊重你的房间、你的东西，以及尊重你。你现在要怎样准备一下？"

"我要先穿上衣服。"麦蒂说道。

"而且，如果你能稍微平静下来，加里森也能更好地听进去你的话。"妈妈在麦蒂回房间时说出了自己的建议。

希望你能感受到两个场景的区别。作为成人，如果我们不能充分利用我们的情绪引导系统，我们也就无从帮助孩子学会听从他们自身的情绪引导系统。相反，我们反复向他们灌输哪些行为是正确的或者错误的、好的或者坏的。我们用说教和"评理"的方式告诉他们，他们的行为如何伤害了其他人并且是无法被容忍的。我们试图让他们感到愧疚，以此希望他们作出行为上的改变。这些做法都无法让孩子真正接受他们自身的情绪引导。相反，这只会用一种使人误入歧途的社会交往方式替代孩子的情绪引导系统。我们会告诉孩子们他们应该怎样想，而不是鼓励他们认识自己当时的内心感受。这样做只会在孩子们心中建立一个次生情绪引导系统，这个系统不断对孩子说：

"我会告诉你们要怎么想，应该有什么样的感受，什么样的想法和感受是被允许的，以及你应该如何表达它们。你要听我的，而不是听你自己的。"长此以往，随着成人不断将自身的思想和感受强加在孩子身上，孩子会产生一个次生的外部引导系统。它是建立在他人的心情和情绪状态基础上的，而不是建立在儿童自身的内在罗盘（internal compass）上。它会教导孩子们如何做决定，让他们的道德罗盘建立在他人认可的基础之上，而不是鼓励孩子们在特定的情境下运用他们内心的智慧。

揭示和准确辨别原生情绪会让你觉得你是自己内心的考古学家。你可能早已对自己的次生情绪习以为常，因此深入地探究真实的情感会让你感觉很漫长、困难。幸运的是，不会有巨石从天而降把你的发现撞个稀巴烂，也不会从某个地方冒出一个恶人把它偷走。这个过程完全是你自己完成的，并且非常安全。你必须把自己的原生情绪完全展露出来，因为它们才是唯一真实的情绪。原生情绪是一个自然的引导系统，其目的是时刻提醒你是谁，并且引导你回到快乐的自然状态。我经常鼓励我自己或对自身感受不甚了解的朋友们从下面四种原生情绪中选择他们的感受：愤怒、害怕、伤心或快乐。如果我发现自己在"谁对谁做了什么"这件事上纠缠不清，我会说："贝基，找个恰当的词描述一下吧。"如果我选择了一个次生情绪的词汇，比如"愧疚"，我会说："再试试。从愤怒、伤心、害怕和快乐这四种基础情绪中选择一个恰当的词语。"

大多数人会觉得"情绪不是好东西"这一结论让人难以置信。我们认为它"不好"是因为我们经常会把它当作攻击他人、放任自己或贬低他人的借口。看着我们的父母在内在状态的驱使下无意识地发泄自己的情绪常常是一种非常痛苦的经历。于是，我们发展出次生引导系统，并且作出了保护性人格反应（取悦他人、控制他人或者装傻），我们学会了隐藏自己的真实情感，目的是让自己在受到伤害时变得麻木，从而感到更加安全。如果想让我们的孩子长大后拥有真正健康的情绪，而不是养成一大堆坏毛病，那么我们就必须确认自己的感受，准确地说出它，和它友好相处，并且学会调节我们自身的情绪和感受。

四种无效情感教育

我们与自身情绪之间的关系决定了我们能够为自己以及孩子提供什么样的共情能力和行为教育。我们在与自我对话时使用的语言就是我们遇到困难时对孩子们说的话。这种语言通常不是最友善的。我脑子里经常有个声音在说："贝基，你在想什么呢？"如果我内心正感到苦闷，而此时某个孩子犯了一个简单的错误，我会说出同样的话："黛博拉，你在想什么呢？"对自己以及他人的批评指责掩盖了我隐藏在内心深处因不顺利而产生的挫折感。重点是要注意我们内心的这种声音正在试图通过某种方式支配我们的行为，并且要认识到除非我们能够觉察自己的情绪，否则我们就无法通过同样的方式和孩子们友好相处。

就情绪健康而言，四种最常见的学校和家庭的无效情感教育方式包括：忽视、轻视、惩罚和袒护。这些教育方式未必适用于所有类型的情感情绪。在我自己的家庭中，发脾气会受到惩罚，表达害怕会被忽视，伤心难过则是完全可以接受的（对我这样一个女性而言，的确如此），但对于我弟弟而言则是完全不能接受的。

忽视（ignoring）：如果我们总是否认自己的感受，我们就会否认或者忽视孩子的情感。我们可能根本不会留意他们的感受，而是继续忙着手头上的学习或者家务。我们几乎不会给予孩子或我们自己一丁点儿同理心。这种应对情绪问题的方式被称为"忽视"。童年时期，在我们经历类似下面这样的情形时，这种教育方式便会出现。

> 儿童：耷拉着脑袋，满脸泪水地走到妈妈面前说："我最好的朋友要搬家到北卡罗来纳州了，因为她爸爸失业了。我再也见不到她了。"
>
> 妈妈："你做完作业了吗？我们马上就得出门了，不然我要上班迟到了！"

轻视（dismissing）：如果我们试图大事化小或者对我们自身的情感不理不睬，我们也会以同样的方式对待孩子的情感问题。这种教育方式下，我们会将自身的情感状态与那些在类似情境下表现得更好或者更差的人进行对比，并以此减轻或者消解自己的情绪。

> 儿童：耷拉着脑袋，满脸泪水地走到妈妈面前说："我最好的朋友要搬家到北卡罗来纳州了，因为她爸爸失业了。我再也见不到她了。"
>
> 妈妈："天啊，你这种想法太傻了。现在科技这么发达，你们不会没法见面的。你爸爸工作也丢了，还不是好好的。"

惩罚（punishing）：如果用对抗的态度面对自己的情绪，我们就会因为自己的感受而惩罚自己，并且惩罚在学校或者在家中表现出情绪问题的孩子。因为"我的想法很愚蠢"这种想法而对自己感到恼火的人们，也会因为孩子的情绪问题而恼怒。这种应对情绪问题的方式被称为"惩罚"。

> 儿童：耷拉着脑袋，满脸泪水地走到妈妈面前说："我最好的朋友要搬家到北卡罗来纳州了，因为她爸爸失业了。我再也见不到她了。"
>
> 妈妈："你烦不烦？别再唠叨了，否则我就给你找个事让你唠叨个够。赶紧去打扫你自己的房间！"

袒护（fixing saving）：第四种最常见的应对情绪问题的方式是，越俎代庖地为孩子解决他们面临的问题。如果我们借用食物、购物、特殊奖励等方式疏解自己的情绪，那么我们也会以同样的方式对待我们的孩子。如果我们担心孩子过度强烈的情绪会令我们无所适从，我们就会试图把孩子从苦难中解救出来。这种应对情绪的方式称为"袒护"。

> 儿童：耷拉着脑袋，满脸泪水地走到妈妈面前说："我最好的朋友要搬家到北卡罗来纳州了，因为她爸爸失业了。我再也见不到她了。"
>
> 妈妈："噢，亲爱的。我保证能让你们再见的。我会给她妈妈打电话，并且把一切安排得妥妥的。没关系的。现在，我们出去吃点冰激凌吧。"

成人通过亲自解决问题，使孩子脱离因愤怒、伤心或害怕而产生的情绪压力，这种做法非常常见。这种做法包含两个方面：阻止孩子们内心不适感的产生和持续，同时试图在问题发生后予以补救。这样做让孩子们脱离苦恼的同时，也使他们不再意识到自己才是自身心态和行为的主人。情绪和情感中包含着我们的各种力量和责任。试图让孩子远离他们的情绪情感的过程也是我们试图控制孩子情绪和内在状态的过程。孩子长大成人后会认为其他人在控制着他们的情感，实现内心平静的唯一办法就是让他人作出改变。通过袒护的方式解决儿童面临的情绪问题会阻碍他们运用自身的情绪引导系统，这种情绪引导系统是在儿童经历内心痛苦、懊悔、失望或因决策失误产生的焦虑时自然产生的。丧失了学习的机会后，他们会不断作出错误的决定并且逐步升级，最终可能（通常会）致使问题越来越严重，一发而不可收拾。

我的一位朋友经常亲自替孩子解决他们在校期间遇到的不快。她会让孩子换班级、换年级、搞特殊化，这样她的宝贝女儿就不会产生不好的情绪，如失望。这种情形持续了整个小学期间，并且一直延续到了中学时期。上高中时，这个女孩与一个男孩谈了恋爱，并受到情感伤害。由于缺乏应对强烈情绪的能力，这个女孩自杀了。学会容忍因愤怒、伤心、害怕或者快乐带来的不适感是一门至关重要的课程。

活动 1

下面这项活动可以帮助你更加清晰地理解你与自身情绪之间的关系。请看图 2-2，想一想愤怒、伤心、害怕和快乐这四种原生情绪与下列问题之间的关系：

愤怒　　　　伤心　　　　害怕　　　　快乐

图 2-2　四种原生情绪

- 当你感到愤怒时（恼火、跺脚、发脾气），当你感到伤心时（哭泣、抱怨、生闷气），当你感到害怕时（躲藏、拒绝尝试、求助）或者感到快乐时（跳来跳去、咯咯笑、放声大笑），你的父母是如何回应你的？
- 请回想你成长过程中与每种感受相关的一个具体场景。示例：一个朋友搬家到了另一个城镇；你想要某个物品但遭到了拒绝；你入选了大学的足球队。
- 请回忆当时父母所说的话以及所使用的语气和面部表情。
- 请在表 2-1 中勾选最能体现你父母情绪教育方式的选项。

表 2-1　家庭情绪教育方式

家庭教育方式	愤怒	伤心	害怕	快乐
忽视				
轻视				
惩罚				
袒护				

接下来，请想一想现在你长大成人后面对这些情绪时的表现。

- 当诸事不顺时，你会对自己说什么，或者会下意识地做什么？当你失去了一份工作、加薪机会或某个亲密的朋友时；当你对未来的某个事件感到焦虑或害怕时，当你感到快乐或者庆祝你自己的快乐时，你会对自己说什么或者做什么？请回想你在脑海中使用了哪些词汇，以及你对自己说话时的语气。
- 请在表 2-2 中勾选最能体现你在情绪发作时应对自身情绪问题过程中采取的做法。

表 2-2　成人应对自身情绪问题的方式

成人应对自身情绪问题的方式	愤怒	伤心	害怕	快乐
忽视				
轻视				
惩罚				
袒护				

现在，请回想最近一次遇到某个儿童出现愤怒、伤心、害怕和快乐这四种原生情绪时你采取的做法。

- 当他（她）因为情绪问题而表现不够得当时，你是如何回应的？当他（她）泣不成声，因为害怕而不愿尝试任何事物，或者得意忘形的时候，你是如何回应的？
- 请想一想你当时说了什么以及说话的语气。
- 请在表 2-3 中勾选最能描述你在面对自己的子女或者你所照看的儿童时应对情绪问题的方式。

表 2-3　成人应对儿童情绪问题的方式

成人应对儿童情绪问题的方式	愤怒	伤心	害怕	快乐
忽视				
轻视				
惩罚				
袒护				

你有没有发现你自己的成长经历、你的自我对话以及你应对孩子的特定行为和情绪的做法之间存在着某种联系？

很多人可能会想"从我记事起，我就一直用这种方式应对自己的情绪的啊！如果我不能忽视它们，不能大声地把它们发泄出来，不能因为产生了这些情绪问题而自责，也不能吃个冰激凌释放一下情绪，那我还能做什么？"

还有一种健康的应对方式：学习自我情绪调节五步法。学习自我情绪调节五步法首先要求你和自己的情感友好相处，并且学会如何帮助自己顺利度过这些情绪。然后你就可以教授孩子如何应对他们自身的情绪问题。切记，你与自身情绪的关系决定了你会用何种方式与正在经历强烈情绪甚至正在发泄情绪的孩子互动。帮助你顺利应对自身情绪问题的自我情绪调节技巧同样也有利于儿童的情绪成长。

迷思

原生情绪对我们很有帮助。但次生情绪则会让我们困在某一种迷思中无法自拔，这种迷思是非常错误的，会对相关各方都造成伤害，并且会导致情绪上不健康的养育和教学方式。如果你不能很清晰地看清自己是否陷入了这种困境，那就听听你朋友们是怎么说的吧。一些人多年以来一直在抱怨自己受到的各种委屈、伤害或被抛弃的经历。他们陷入了一种迷思，这种迷思是不真实并且无法改变的。从这种迷思中抽丝剥茧般地将原生情绪抽离出来，有意识地觉察它们并让它们传递出正确的信息，只有这样我们所期望的改变才能发生。原生情绪传递出的信息正是你内心中的引导，它会指引你重新深刻地认识这种迷思，运用对你自己和他人积极的意向将其升华到更高的境界。升华后的迷思更加接近真相，并且让我们重新从更加宏观的角度看待我们的内在状态。

一些往事总是在我们心头挥之不去。就我个人而言，我总是会想到患有阿尔茨海默综合征的双亲。大约九年前，我的母亲患上了中度阿尔茨海默综合征，同时还患有肺气肿和心脏病。我的父亲患有轻度阿尔茨海默综合征，他因为记忆受损而无法理解母亲的病症的性质和严重性。他极力护着母亲，并且一直说他要照顾母亲，他带她去看医生，并且时刻检查她的输氧情况。尽管他自以为能够做到这些，但其实早已力不从心。我的错误想法是"父亲会害死母亲"，于是我对父亲的怒火逐日增加，同时对母亲身体状况的担忧也更甚了。我越愤怒，就越对这种错误的想法深信不疑。我会和弟弟争吵，试图说服他相信我的错误认知。最终，我希望将自己的原生情绪从这种迷思中剥离出来。我因双亲的健康问题而产生的哀伤，以及对未来自己也会患病的恐惧都是真实的。这种迷思以及各种次生情绪，如愤怒、内疚和羞愧，都是虚假的。一旦我发自内心地愿意这样做时，我就能很好地调节自己的伤心和恐惧，从而让自己的决策对父母及我本人的健康更加有利，同时还修复了我与弟弟之间的关系。

我们必须学会倾听自己的原生情绪。倾听自己的情感要求我们主动地认知它们。我们要认识它们在我们内心中产生的感受，意识到它们让我们的表情和语气产生了哪些变化。我们必须学习它们的语言，这样我们才能听到它们传递出来的信息。下一章节，我们将更加深入地拓展您对自身情绪的认知。大多数人都只能区分两种内在状态："好"和"不好"。现在我们必须要拓展和深化对于自身情感的认知。

第3章

情感信息：
跟随你的情绪系统

Managing Emotional Mayhem

第 3 章
情感信息：跟随你的情绪系统

我们的情绪引导系统可以让我们与自己的情感之间进行交流互动。情感中蕴含了某种信息，它会引导我们不断地转向爱意浓厚的理想状态。身体上的疼痛警告我们"小心，有地方出问题了"，我们的情感也是如此。如果我们忽视身体上的疼痛或者情感传递出来的信息，那我们离灾祸也就不远了。我们都曾经看到过某个看上去看似十分健康的慢跑者却突然在跑步过程中因心脏病突发猝死的新闻报道。在这一刻发生前，他的身体已经不止一次地发出警示信号，但是慢跑者却没有给予充分的注意。我的邻居麦克的左脚疼痛持续了 44 年之久。一天，他的左脚突然疼痛难忍，以至于无法走路。经过 X 光检查后发现他的脚里竟然有一块非常小的玻璃碎片。在接受外科手术时，医生发现麦克的脚部感染非常严重，有一块玻璃球大小的组织已经坏死发黑。就像扎进麦克脚底的玻璃碎片最终导致肌肉组织坏死一样，一个五岁大的孩子隐藏在内心深处的失望也可能导致他在未来的生活中无法与他人亲密相处。

我们必须要倾听自己的情感，并且遵从它们的指引。要想做到这一点，我们必须首先认识到这些情感的存在，并且允许它们与我们对话沟通。对于我们中的很多人来说这是很难做到的。我最近禁食了十天，很多人都问我："难道你不饿吗？"令人惊讶的是，我的答案是"不饿"。相反，禁食让我更好地认识那些被长期隐藏却逐渐浮出水面的情感。多年来，我一直在用食物来治疗这些情感。没有食物，它们就会跳到我的面前。特别是，我因为父母的阿尔茨海默综合征感到无比忧伤，更因为自己无法生育而痛彻心扉。带着这种新的认识，十年来我努力体会自己的情感，而不是被情绪掌控。我没有再像以前那样拒绝自己的情绪，而是和它们友好相处，清楚地认识它们，并且慢慢地引导自己产生了新的知觉。随着我的身体健康状况一天天改善，我的心境也逐渐好了起来。

你的情绪正在试图告诉你什么信息？孩子的情绪正在告诉他们自己以及我们什么信息？我们该如何利用这些信息增进我们彼此的关系、实现我们的目标，并且不懈努力来成为最好的自己？很多情感都遵循了常见的模式并传递出相似的信息。如果我们注意到了这些模式和信息，那么我们就能更好地通过"微调"听到它们背后隐含的信息。正如第2章所言，大多数人在遇到冲突时更加关注的是行为。我们经常会问："你在干什么？"或者"谁先动的手？"而不是处理内心的状态。智慧自律要求我们使用D.N.A.法（又称作"描述"法）——描述（Describe）、命名（Name）、确认（Acknowledge）来首先解决内在状态问题，然后解决行为问题。

描述（Describe）："你就像这样把手背在后面。"描述并模仿儿童的身体和表情传达出来的情绪信号。"描述"指通过语言不加任何评判地捕捉当前的信息。如果你说的话可以用录像的方式展现出来，那你就是在描述现状。否则，你很可能是在对现状进行评判。"模仿"指展示儿童的动作和表情，并且通常会吸引儿童的目光。当儿童看向你时，你需要深呼吸，降低当前情绪的强度。

命名（Name）：说出当前所传递出的感受的名称。"你看起来非常愤怒。"你需要尽可能猜测这种感受。

确认（Acknowledge）：最后确认儿童积极的意图和愿望。"你想要_____"或者"你希望_____。"确认儿童发自内心深处的愿望。

"描述"法可以让我们首先解决情绪状态问题，再解决行为问题。"描述"法和鼓励儿童调整自身的情绪成功与否的关键在于我们是否认识到了儿童的情绪状态。如果我们先入为主地设定好了谁来做晚餐或者科学课上需要哪些物品，那我们就会错过很多表情和肢体信号，从而无法让它们引导我们帮助孩子实现自我情绪调节。智慧自律会帮助成人更好地关注当下，从而使对儿童的行为教育成为可能。我们教老师们在儿童内心不安时描述和模仿他们的表情，其中一个原因就是这要求成人时刻与儿童保持一致（留在当下）。描述和模仿可以做到以下两点：

1. 帮助孩子认识自身表情和其他肢体信号，并因此而读懂他人在经历相同的情绪时产生的表情和其他信号。
2. 帮助成人时刻关注当下的情形，因此可以充分利用大脑的高级神经中枢。从这时开始，成人便能运用自己的同理心为孩子提供适当的指导。

在实现情绪调节五步法的过程中，在许多情境下我们都将以"描述"法（即 D.N.A. 法）为基础。首先，我们必须了解每一种情绪在表达什么信息。每一种情绪都有其固有的表情和语言信号，这些信号可以帮助我们分辨不同的情绪。这些表情和语言信号超出了我们的意识可以控制的范围，通过语言以外的其他方式向他人表达我们的内在状态。关键在于我们必须要觉察到这些信号，这会帮助我们准确地命名自己内心的感受，并听到其传递出来的信息。如果我们想要引导孩子理解他们的情绪，以健康的、适合社交的方式表达自己的感受和想法，就必须认识到这些无意识的信号和信息。

接下来我们将详细探讨下面这八种情绪：愤怒及其次生情绪沮丧，害怕及其次生情绪焦虑，伤心及其次生情绪失望，快乐及其次生情绪冷静。

原生情绪愤怒 VS. 次生情绪沮丧

愤怒（anger）产生的主要背景是某个人、物或某件事阻碍了我们拥有的或想要实现的目标。我们在实现目标过程中受到的挫折越大，产生的愤怒感就越强烈；我们越是认为自己的目标受到了阻碍，这种愤怒感也就越强烈。这种情绪最危险的特征是，愤怒会让其本身变得更加强烈，这个恶性循环会非常快速地升级（Ekman，2003）。

愤怒传递出来的信息包含两部分：冷静下来，并且作出改变。第一部分，即冷静下来，是终止这个迫在眉睫并且快速升级的恶性循环所必需的。一旦我们冷静了下来，第二部分，即作出改变，就容易了很多。所谓的改变可以指地点的改变、朋友关系的改变、视角的改变、行为的改变或者对生活的刻板印象或理解的改变。很多时候当我们感到愤怒时，我们会误入一种歧途：迫使他人或情形发生改变，从而使我们可以继续按照自己的计划按部就班地进行下去。我们要求他人作出改变，采取不同的做法并且清除我们面前的绊脚石，在我们自己心中，这些人或物阻碍了我们取得成功和（或）得到快乐。如果我们学会从"我很愤怒"转变为"我感受到了自己的愤怒"，那么真相就会变得更加清晰：阻碍我们的正是我们自己。

沮丧（frustration）也会导致愤怒。一方面，尽管沮丧与愤怒相似，但二者在强度和来源方面是不同的。我们经常会将自己的愤怒归咎于某个人或某种情形。另一方面，沮丧感通常与我们自身的缺点有关。它在很大程度上是因为我们未能实现自己期望的目标而产生的。一个典型的例子是：当一个两岁大的儿童坚持"让我来"，但发现自己根本无法做到时，他就会产生沮丧感。当一个儿童感到沮丧时，我们需要帮助他体会这种沮丧感，准确地说出这种感受，并且重新理解它，最终解决问题。

沮丧与我们在某一领域技能的匮乏密不可分。我们经常会将自己的沮丧，如愤怒，投射到他人身上。我们在下面提供了一个非常好的活动：请写出哪些事情会使你对自己的爱人、老板或儿女产生愤怒。然后把这份清单放在一旁。过一会再来看这份清单，请想象这份清单是针对你列出的，你会发现什么？你因为他人而产生的种种恼火往往来自你对自己的沮丧感。沮丧所传递的信息是："冷静下来，耐心地观察或者换一种应对的方式。"将自己的沮丧感归咎于鞋带不好系或者旧球杆让你无法参加职业高尔夫巡回赛，这些都是根深蒂固的想法。沮丧感所传递的信息是：系鞋带或者打好高尔夫球需要更多的耐心和练习。

  我经常发现，当我已经为出门做好了准备，而同行的其他人还在磨磨蹭蹭时，我就会感到非常沮丧。多年以来，我一直在用最后一个做好准备或者像别人一样迟到的方式躲避这种沮丧感。这种做法让我能够保持平静，专注于当下，不会因为自己的偏执而毁了整个活动。它的弊端是，我并没有考虑到自己的迟到对他人产生的不良影响。我的沮丧感来自幼年时期的家庭。母亲会为全家人做好晚餐，而父亲总是姗姗来迟。父亲没来前，母亲、弟弟和我都无法进餐，只能等待。一次，父亲坐在餐桌前时，饭菜均已凉透，当时的气氛非常不愉快，父母开始了争吵和互相指责。我会一言不发地坐在一旁，焦虑地祈求他们停止争吵。回顾往事，我发现我的沮丧感已经被焦虑感取而代之。这种焦虑感阻碍了我认识自己的沮丧，让我陷入了多年无法忍受的痛苦。一旦我能够看清隐藏在焦虑感下的沮丧，并且能够切身地感受这种情绪，我就能让"冷静下来，换一个角度看问题"这种微妙的信息显现出来。这让我有机会找出新的应对方法。现在，我在等待的时候会直截了当地问:"你们要多久才能坐下吃饭?"通过这样的发问,我可以轻松调节自己的焦虑,抛弃五岁贝基的视角,转而从现在的角度看待当时的情形。

如何帮助孩子应对愤怒感与次生情绪沮丧

如果我们看到孩子们处于愤怒状态,我们可以按照下列步骤实施行为教育。

第1步:教孩子通过深呼吸让自己平静下来。做个"微笑星"①。

第2步:帮助孩子从"我很愤怒"过渡到"我感到愤怒"。"你的表情就像这样(模仿)。你看起来有点生气。"

第3步:帮助孩子们开始转变。"你想要马克笔,但你不能抢。如果你想要马克笔,你可以说:'可以给我用用吗'?"

这些情景是否很熟悉?第2步和第3步与前文提到的"描述"法相同。

当我们看到孩子神情沮丧时,我们可以按照下列步骤给予他(她)辅导和帮助。

第1步:教孩子们通过深呼吸让自己平静下来。做个"微笑星"。

第2步:帮助孩子们从"我很沮丧"过渡到"我感到沮丧"。"你的表情就像这样(模仿)。你看起来有点沮丧。"

---

① 微笑星(S.T.A.R.):S.T.A.R.是一组缩写,分别代表了微笑(Smile)、深呼吸(Take a deep breath)和(And)放松(Relax)。

第 3 步：提供一个新的视角或应对策略。"看来你在系鞋带这个事情上遇到了麻烦。你希望谁来帮助你呢？"

应对愤怒和沮丧的辅导教育方式即（见图 3-1）：

平静下来 = 做个"微笑星"。

转变 = 运用"描述"法。

愤怒
"冷静下来，换一个做法。"

沮丧
"冷静下来，多一点耐心，换一个观察事件的角度和应对的方法。"

图 3-1 帮助孩子应对愤怒和沮丧

认识你自己与他人的愤怒

当我们感到愤怒时，强烈的情绪会席卷我们全身。我们会感受到压力、紧张和身体发热。"怒发冲冠"这个词就是这样来的。你的心跳和呼吸加速，血压升高，你的脸会变得潮红，有一种强烈的冲动驱使你靠近引发你愤怒的对象。这就是为什么孩子生气时经常会追着我们。生气时，你会想要紧紧地咬住上下牙，下巴向前突出。如果此时你正在说话，你的声音会变得更大、更尖锐，因为你的声带处于绷紧状态。愤怒时，血液会加速流向你的手部，你的手掌感到温热，从而为突袭、摇晃、投掷或者击打引发你愤怒的对象做好准备。大多数类似的情绪表达会持续4秒左右，有些可能只会持续半秒（Ekman，2003）。当这种情绪出现在他人身上时，我们大多数人都能在极短的时间里分辨出这些非言语和言语上的迹象，这是由我们的生存系统决定的。但是如果这种情况发生在我们自身内部，要想发现和辨别这种迹象就难得多了。因此，他人往往比我们自己更早知道我们当时的内心感受！

请花一点时间回想一下你感到非常愤怒并且想打人时的情景。如果这样的事情从未发生过，你可以回想自己感到非常愤怒并且说出让自己事后后悔的话时的情形，看看你在事后还能不能回忆起因为愤怒而产生的这种内心感受。你能感受到压力吗？你感到紧张了吗？是你身体的哪部分感受到的？你的感受是什么样的？请花一点时间真正感受这个活动。当你怒火中烧时，你必须要及早认识到这一点，因为这样的认知会让你冷静下来，用心去感受这种情绪，说出它的名称，并且改变它。对孩子来说也是如此。

很多家长对我说，孩子正在发怒时，如果家长走开，孩子就会跟在他们后面。公司的一位同事金妮·路德绘声绘色地为我们讲述了她的两个儿子巴特和尼克的故事。巴特一生下来就是一个刺儿头。他脾气暴躁，并且要求凡事按照他的想法来，而且不计后果；尼克则很容易相处，并且乐于讨别人欢心。一天，金妮因为三岁的巴特的所作所为而暴跳如雷。她大喊："受够了。我受够了。以后我不是你妈。现在我的名字叫乔治。"然后，金妮跑回自己的房间，砰地把门关上，避免自己不断积压的怒火波及孩子。尼克一边哭一边跟在后面："你不能叫乔治。你是我妈妈。我要妈妈！"巴特紧跟在尼克的后面，砰地一脚踢在门上，大喊："乔治，你现在就给我出来！"

原生情绪害怕 VS. 次生情绪焦虑

害怕（scared）就像是情绪的报警电话。害怕主要是生理或心理上感受到了威胁，无论这种威胁是真实的还是想象出来的。毫无疑问，我们所害怕的大多数事物事实上并不会造成任何危险。一个很好的例子就是孩子对黑夜或者奶牛的恐惧（没错，就是奶牛）。感到害怕时最常见的反应就是僵住或者逃跑，如果我们没有这么做，那么接下来最常见的反应就是感到愤怒，并攻击让我们感到威胁的任何事物。我们经常会感到害怕和愤怒这两种情绪形影不离。害怕所传递的信息是："帮帮我，保护我的安全感。"

当一个人感到害怕时，他（她）的自主神经系统处于活跃状态，并且无须有意识地提醒即可快速作出反应。大脑会向肌肉和内脏发送信号，指示它们为应对紧急情况做好准备。心脏会加快跳动以为身体各部位提供更多的氧气，从而让它们为应对紧急情况做好准备。但是，在感到害怕时，血液会流向腿部的大肌肉群，因此手部会感到更凉（不同于愤怒会让手部发热），让身体为逃跑做好准备。呼吸频率会增加，汗腺会产生更多的汗液。一些荷尔蒙，如肾上腺素，会释放到血液中。这种反应作为一种保护机制是非常必要的，它可以让我们的身体为"战斗还是逃跑"做好准备。

与恐惧相似，焦虑（anxiety）也是一个预警信号，能够让我们知道潜在的或者即将到来的危险。害怕和焦虑的区别在于，害怕是面对已知威胁时产生的反应，而焦虑是面对未知威胁时产生的反应。二者的目的都是维护安全。一个非常恰当的例子是青春期的孩子到宵禁时间还没有回家时家长内心的感受。如果孩子不知所踪，家长的焦虑几乎会让他们无法呼吸。当孩子回家以后，这种焦虑会立刻变成愤怒，家长会大声地展开一番说教和指责，而他刚才还是一个"宝贝疙瘩"。焦虑产生于可以预见，但不受控或者不可避免的某种事物。焦虑所传递的信息是："深呼吸，专注于当下，获取更多信息。"

请看下面这份统计：在美国，大约每 4 000 万个 18 岁及以上的人中就会有一个人即使在当前没有任何直接威胁的情况下仍然处于活跃的"战斗或逃跑"状态。换言之，在任何一个时间点，我们中都会有 18% 的人正在感受焦虑（Kessler, Chiu, Demler, & Walters, 2005）。我们必须要在自己的技能树上增加新的自我情绪调节技能。

如何帮助孩子应对害怕和焦虑

如果孩子感到害怕，我们可以走到他们身旁，用我们的权威和维护他们安全的承诺宽慰他们。同样，我们也可以针对这种情绪开展教育。

第 1 步：深呼吸，让你自己从唤醒状态冷静下来。做个"微笑星"。

第 2 步：帮助孩子从"我害怕"转变为"我感到害怕"。

"你的表情就像这样（模仿），你看起来很害怕。你现在很安全。和我一起深呼吸，我会保护你的，深呼吸。"

第3步：坚守你维护孩子情绪、身体和精神安全的承诺。通过肢体接触给予孩子适当的安慰。

我们可以运用自身的威严以及我们对维护儿童安全的承诺，以此为身处焦虑中的孩子给予适当的安慰，并同时运用一些方法获得更多的信息。教育方法如下。

第1步：深呼吸，让你自己从唤醒状态冷静下来。做个"微笑星"，观察和描述儿童语言之外的情绪线索。

第2步：帮助儿童从"我很焦虑"转变为"我感到焦虑"。"你的表情就像这样（模仿），你看起来很焦虑。你很安全，和我一起深呼吸。怎样才能让你感到更安全？"

第3步：就如何获得当前的信息提出一些可行的建议。

害怕与焦虑的区别

由于"害怕"是一个更加具象化的威胁，而"焦虑"则更加飘忽不定。在应对二者的过程中，我们使用的教育方法必须稍作调整（见图 3-2）。

帮助感到害怕的儿童

描述："你的眼睛就像这样。你的嘴巴就像这样。"

命名："你看起来很害怕。"

确认："贝丝，你很安全。和我一起深呼吸。我会保护你。"

帮助感到焦虑的儿童

描述:"你的眼睛就像这样。你的嘴巴就像这样。"

命名:"和我一起深呼吸。你看起来很焦虑。"

确认:"我们一起去看一下时间表,看看你妈妈什么时候会来。"

害怕
"让我感到安全并得到保护。"

焦虑
"深呼吸,专注于当下,捕捉更多信息。"

图 3-2 帮助孩子应对害怕和焦虑

认识自己以及他人心中的恐惧

恐惧所产生的面部表情包括:睁大眼睛(接下来会发生的事情将超出预期),瞳孔放大(让更多光线通过瞳孔),上嘴唇翘起,眉头紧锁,以及嘴唇向两边水平拉伸(Ohman, 2000)。

下次当你发现自己正感到害怕时,你可以深呼吸几次,并且向自己信任的人寻求帮助。请留意此时你会想到谁能给予你帮助。下一次你感到焦虑时,请深呼吸几次,让自己平静下来,检视你的内心。你可以问问自己"如果我到周一前还没有完成文书工作，我是不是真的会丢掉工作？"

原生情绪伤心 VS. 次生情绪失望

在感到愤怒时，我们会产生一种想要接近引起我们愤怒的目标的冲动。在感到恐惧时，我们会产生一种僵住的冲动。在感到伤心时，我们不会产生作出任何行动的冲动。伤心（sadness）主要涉及失去你所珍视的事物。你越是珍视所失去的事物，这种伤心的感觉就越深刻。

在感到伤心时，我们的肌张力会降低，我们产生了退缩的想法。我们想低下头，或者仰望星空。随着时间的推移，我们的行动甚至思想都会变得缓慢。在这种消极被动的状态下，神经递物质如血清素和去甲肾上腺素的水平也会降低。这些化学物质的减少会加剧我们伤心的程度，如果不加约束，将会不断恶化并导致抑郁症。伤心传递的信息是："向你所爱之人寻求安慰。"它会告诉我们周围的亲朋好友"我需要安慰"。6岁以上的人群中，每10个人里就有1个人在服用抗抑郁药物，因此帮助儿童应对失去时产生的负面情绪是每个家长和教师必须掌握的技能（Olfson & Marcus, 2009）。

当我们的希望和期待未能实现时，失望（disappointment）就会产生。如果我们不能切身感受和控制它，它会轻易且快速地转变为愤怒或伤心。失望所传递出来的信息是："保持呼吸，我可以应对。"

9岁时，我曾大声地祈求圣诞老人送给我一把吉他，并且希望我的父母听到我的祈求。我早就知道那个把我抱在怀里送我礼物的人并不是真正的圣诞老人，所以我需要提前采取一些小伎俩让父母明白我的心愿。当天晚些时候，我不停地旁敲侧击，告诉父母那把吉他对我有多么重要。圣诞节当天，我兴奋地撕开一个看似装着吉他的箱子，却发现里面是一把尤克里里。失望刹那间席卷了我的全身。我并没有用心去感受它，我只是单纯地陷入了这种情绪而无法自拔。失望迅速变成了愤怒，在我看来，父母都是没有良心的人。我冲进自己的房间，陷入深深的痛苦中，对失望传递给我的信息置若罔闻。我仍然沉浸在对某个事物的渴望中。我提醒自己要保持微笑、深呼吸并放松，用心倾听这种感受传递给我的信息。

当你下一次意识到自己正感到失望时，请做一下深呼吸，然后对自己说："保持呼吸。我可以的。"应对失望要求你抛弃"凡事必须如何如何"这样的想法，并且能够坦然地面对生活。你可以向自己亲近的人寻求安慰，对方可以是你的配偶、伴侣、密友，也可以是你信仰的神明。

如何帮助孩子应对伤心和失望

帮助感到伤心的儿童

描述："你的眼睛就像这样。你的嘴巴就像这样。"

命名："你看起来很伤心。"

确认："我会抱着你，并且一直陪在你身边。我们会一起渡过难关。"

帮助感到失望的儿童

描述:"你的眼睛就像这样。你的嘴巴就像这样。"

命名:"你看起来很失望。"

确认:"你希望和朋友一起参加学校的晚会,等待让你感到很难受。和我一起深呼吸。你可以应对的。"

认识自己和他人的伤心

当我们感到伤心时,我们的眼皮会下垂,眉头会上扬。如果我们非常伤心,眉头会紧锁,嘴角向下拉扯,下唇向上翘起(见图 3-3)。

伤心
"向你所爱之人寻求安慰。"

失望
"保持呼吸。我可以应对。"

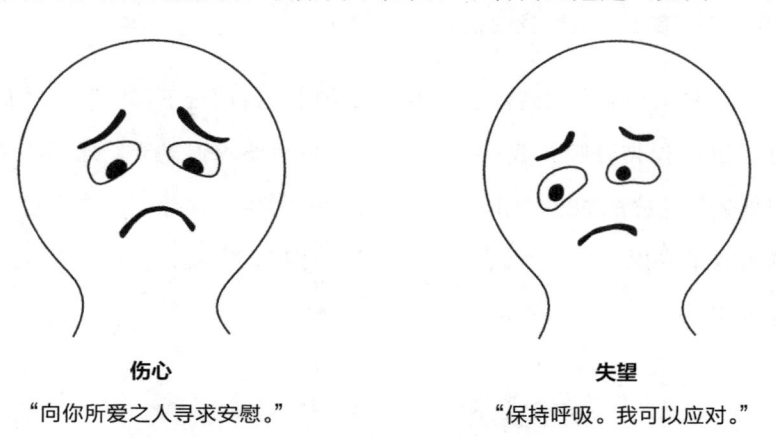

图 3-3 认识伤心和失望

原生情绪快乐 VS. 次生情绪冷静

每个人都希望自己保持快乐,快乐(happy)能给我们带来很多好处。快乐的人的心脏和动脉比不快乐的人更年轻有活力。他们能够在手术后更快地恢复，更好地忍受疼痛，血压较低，并且比不快乐的人更加长寿。研究显示，快乐的人拥有更加强大的免疫系统，患感冒和流感的概率更低。此外，他们患病后的症状也通常更轻。那么，"快乐"到底是什么呢？即使科学家、心理学家、神学家和哲学家也无法给出确切的定义。我们每个人都有自己对快乐的独特理解。一些研究人员甚至怀疑快乐究竟算不算一种情绪。

在本书中，我用"快乐"一词来描绘一种幸福感（wellbeing）和爱意。它不仅仅是一种令人愉悦的感受、一种转瞬即逝的情绪或者心境，更是一种理想的生活状态（Ricard，2007）。我们存在的本质就是生活中时刻洋溢着无条件的爱。要想切身地去体会它，我们必须要改变自己那些错误的做法。如果我们遵从自己的情绪引导系统，它最终会引导我们回归这种幸福感。我们的情绪引导系统会时刻提醒我们：如果无法改变世界，那就改变我们看待世界的角度。快乐是人生态度的选择：爱、关爱他人、值得被爱。快乐传递出来的信息是："我即是爱，你也是。"快乐鼓励我们奉献我们的爱，做一个友善、大度的人，并且对生活和他人充满感激之情。

情绪就像天气，我们无法制止或者控制它，只能运用自己的智慧面对它。在形容天气时，我们经常会听到"风平浪静"这个词。"今晚风平浪静，波澜不惊。"你可以用晃动一瓶水的方式向孩子们展示什么是平静。注意观察前一秒还波澜不惊的水面现在看起来却如此波涛汹涌。晃动的水面非常形象生动地展示了我们在感到生气或者害怕时内心中激荡的强烈情绪。

现在让水慢慢地平静下来。这就是我们感到内心平静（calm）时，我们内心的感受。平静传递出的信息是："一切顺利。"

当我们的身体和内心平静下来时，大脑会产生大量α脑电波和θ脑电波，这表示我们处于一种警觉且放松的状态。这种放松性警觉（relaxed alertness）就是最理想的学习状态。如果长时间处于放松状态，我们的身体还会分泌促进心情改变的神经递质，血清素就是其中之一，它是一种非常强大的激素，与我们的快乐和满足感息息相关。

如何帮助孩子应对快乐和平静

下次当你感到快乐时，请注意观察你内心的想法。留意它们如何帮助你维持快乐，如何让你看到他人身上的闪光点，你如何更加宽宏大度并且内心充满感激之情。

如果孩子们感到很快乐，你可以这样说

描述："你的眼睛就像这样。你的嘴巴就像这样。"

命名："你看起来非常开心。"

确认："今天真是太美好了。哇，看看你的好朋友们。"

如果孩子感到内心很平静，你可以这样说

描述："你的眼睛就像这样。你的嘴巴就像这样。"

命名："你看起来很平静。"

确认："一切顺利。"

认识自己和他人的快乐

当我们感到快乐时，我们会微笑，嘴角上扬，眼皮收紧，脸颊隆起，眉尾向下拉。当我们感到内心平静时，情绪不像快乐那样强烈，面部表情非常放松（如图 3-4）。

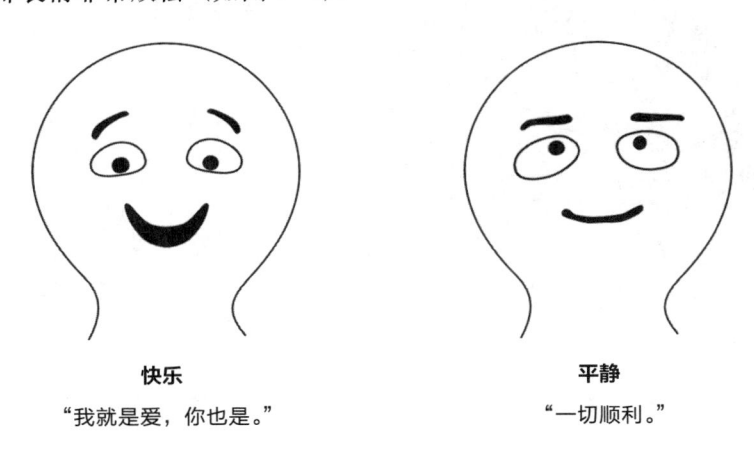

快乐
"我就是爱，你也是。"

平静
"一切顺利。"

图 3-4　认识快乐和平静

认识儿童的情绪世界可以为儿童的成长提供非常有益的帮助。如果成人能够用恰当的方式应对儿童的情绪，就可以帮助他们更好地应对不良情绪产生的痛苦，并且引导他们回归快乐。单纯记住"描述"法的句式并不能真正为儿童提供任何情绪辅导。如果你坐过飞机，你就会知道，当遇到紧急情况时，在帮助别人前要先戴好自己的氧气面罩。教育儿童应对情绪的过程也是如此：在教育儿童前，你必须首先教育好自己。在下一章，我们将讨论自我情绪调节五步法过程，以及如何在自己身上运用它们。

管理混乱情绪：儿童自我情绪调节 5 步法

认识儿童的情绪世界可以为儿童的成长提供非常有益的帮助

第 4 章

成人的历程：
自我情绪调节五步法

Managing Emotional Mayhem

第 4 章
成人的历程：自我情绪调节五步法

在日常的交流中"情绪"和"感受"经常可以互换使用，但二者仍有区别。情绪产生于我们内心深处，是在无意识状态下逐步产生的。就像我们不能控制打喷嚏一样，我们同样无法阻止情绪的产生。那些能够敏锐地感受到自身细微情绪变化的人会发现，当感到焦虑时，我们的胸部会不由自主地变得紧张；当感到伤心时，我们的身体不由自主地变得软弱。正如前文中我所说的那样，情绪就像天气，飘忽不定。我们无法控制、左右或者改变天气状况，但是我们可以接受它、拥抱它，在寒冷的季节穿上温暖的外套，在下雨时撑起一把雨伞。情绪也是如此。我们无法控制或者预测它，但我们可以拥抱它，让它逐渐显露出来，因此我们可以有意识地认识它，并且遵从情绪的内心指引。

如果我们让情绪自然而然地通过我们的大脑和身体各

个部分逐渐显露出来，它最终将上升到我们的意识层面。一旦我们意识到了它，我们就能把它说出来，并且让它成为一种感受。感受是有意识的，并且是可以管理的，我们可以调节它们。老话说得好："如果你能说出它的名字，你就能驯服它。"（If you can name it, you can tame it.）关键在于要让无意识的情绪浮出表面，这样它才能成为可以被掌控的感受。正如我在第 2 章中所述，如果成人没有妥善地处理自己在幼年时期出现的特定情绪，我们就会想办法让自己远离这种情绪。我们并未学会容忍情绪在我们身体中产生的不适感，也没有真正地相信情绪只是暂时的，并且终将会过去。相反，我们学会了忽视、轻视、惩罚、袒护、否认，以及通过评判将情绪投射到他人身上。

> 如果不能摒弃让我们陷入困境的陈年弊习，并且学会运用我们的智慧应对情绪问题，我们将永远无法帮助孩子们掌握这些方法和技巧。

情绪产生的原理非常简单：一些事物触发了我们的情绪。如果任其自然发展，情绪会自然而然地逐步显露并且上升到我们的意识层面，因此我们可以把它当作一种感受进行管理。但不幸的是，大多数人都通过一些五花八门的方法让我们的情绪远离自己的意识。关键是，我们要改变自己的这种状态，并且让情绪逐步上升到意识层面，我们才能调整它，管理它。如果不能摒弃让我们陷入困境的陈年弊习，并且学会运用我们的智慧应对情绪问题，我们将永远无法帮助孩子们掌握这些方法和技巧。

自我情绪调节五步法

从无意识的情绪转变为有意识地管理自身感受的过程涉及五个步骤：触发情绪、积极暂停、识别情绪、调节情绪、解决问题。我们逐个看一看它们，然后更加详细地开展讨论。

❶ Am　第1步：触发情绪

认识到某个事物已经触发了某种情绪。它会绑架此刻的我们，将我们丢回过去。情绪控制了我们全身，我们就这样成了情绪发泄的通道。"气死我了！"

❶ Calm　第2步：积极暂停

深呼吸，仔细观察我们的情绪。我们必须稍微放松一下自己的情绪，而不是消极被动地评判、逃避它们，转移自己的注意力或者通过药物控制它们。通过这种方式，我们可以让情绪自然而然地进入我们的意识层面。

❶ Feel　第3步：识别情绪

准确地识别和说出自己的情绪。一旦我们能够清晰地说出自己的情绪，它就能变成一种有意识的感受，这是我们可以管理的。我们没有任由情绪肆无忌惮地宣泄，而是认识到有两个自己：我和我的愤怒。"我感到愤怒。"

❶ Choose　第4步：调节情绪

接纳自己的感受并与它友好相处。如果我们和自己的感受友好相处，我们就能直面它，放松心境，用心感受此时此刻，接受现实而不是纠结于我们认为它应该如何。在这个过程中，我们能够持一种开放的心态，从不同的角度看待问题，向着解决问题迈进。我们完全有能力、有力量翻转自己的感受，从痛苦变为平静。在平静的状态下，双赢的解决方法变得越发清晰。

ⓘ Solve 第5步：解决问题

意识是情绪调节的关键。第1~4步可以让情绪整合心智、大脑、身体的各个系统，使他们进入更加高阶的意识层面。这种整合完善的状态使我们可以充分运用我们的智慧，引导我们作出最明智的行为或决定。我们的智慧始终引导着我们回归更加健康的人际关系，以及双赢的解决方案。这个理想的过程是：我们从不同的角度看待问题，重写生活的脚本，学会用新的方式满足自己的需求或者提高我们的沟通技巧。这个完整的过程教我们用一种全新的方式应对或者感受最初引爆情绪的导火索。

表4-1展示了缺乏对情绪的意识和自我情绪调节能力如何让我们困在问题和沉迷的死循环中无法解脱，以及运用自我情绪调节五步法如何帮助我们有意识地调节自己的情绪，通过解决问题实现不断的成长。

表4-1 两种情绪调节方式的对比

无意识的调节	有意识的调节
责备 看看你把我气的。	**触发情绪** 我很愤怒。
命令、发泄 我要一切顺从我的心意（骂人等）。	**积极暂停** 深呼吸，注意观察语言之外的线索。

续表

无意识的调节	有意识的调节
治疗 我沉迷于某个事物，以此治愈自己内心的痛苦（安慰食品等）。	**识别情绪** 从"我很愤怒"转变为"我感受到了愤怒"后，我可以准确地识别和说出这种感受的名称。
掩藏 我用生活中各种虚构的故事掩藏自己的情感，把自己或他人描述成一个恶棍或者受气包，并且远离他人。	**调节情绪** 放松自己，改变自己的状态，并且重新认识和理解当前的问题。我用积极的意图从不同的角度看待问题。
困境 我困在问题中无法自拔。	**解决问题** 能够实现双赢的解决方法有很多。

让自我情绪调节五步法融入你的生活

接下来，我们将详细地讨论自我情绪调节过程中的每一步，并且提供了一些有益的信息和活动。

I Am 第1步：触发情绪

情绪的触发让我们能够认识到引起自己情绪问题的根由。当某种情绪第一次被引爆时，我们会感觉自己被这种情绪绑架了。这种情绪控制了我们，我们随时可能用某种有害的方式把它发泄出来。我们会愤怒，会沮丧，会伤心，会害怕。情绪会左右我们看待这个世界以及解读他人行为的方式。在被情绪左右时，我们的认知会排除与情绪状态不符的所有信息。当我们感到愤怒时，我们眼中的所有事物都会强化愤怒，我们满脑子想的都是过去遭受的不公。情绪控制了我们的认知，我们在它面前感到十分无助。甚至我们说的话也会让事态变得更加失控。我们会说："我很愤怒！"这句话隐含的意思是你无法控制事态的发展，你已经真正陷入了这种情绪而无法解脱，它成了你的身份标签。如果我们被情绪控制了，情绪调节就无法实现。

在这个步骤中，我们能做的最多是有意识地识别是什么触发了情绪。我们经常把引起情绪的事物称作"导火索"。外部事件和我们的思想共同激起了我们的情绪。当我们反复告诉孩子们要做什么时，如果他们喋喋不休、顶嘴或者不听话，很多成人的情绪就会爆发。如果我们不能正确地认识我们情绪的导火索，我们的感知就会被绑架，并且在孩子身上重复那些我们曾经接受的错误教育（即使我们曾发誓不再允许这样的事情在孩子身上重演）。如果你的导火索是孩子们喋喋不休的吵闹，当孩子一直抱怨着来到你面前时，你会无意识地退回到童年时期，自己成长过程中形成的情绪基调再次出现。你将那些你曾发誓永远不会说出来的话脱口而出，这些通常都是你的父母曾经对你说过的。

大多数触发情绪的导火索都源自我们曾经遭受过的伤痛。一旦情绪被激发，这些陈年旧伤就会汹涌而来，让我们产生无力感和内疚感，让我们觉得自己不够好或者需要被惩罚。这些隐藏在我们内心深处的伤心往事硬生生地把我们从当前拖离，让我们的认知出现偏差，并且让我们的情绪爆发，这很可能会导致我们用与自己曾经遭受的伤害同样的方式伤害他人。

当我们的情绪被点燃时，我们会将所有外界信息拒之门外。我们会按照与自己的感受相符的方式解读当前的状况。情绪会改变我们看待这个世界以及他人行为的角度和方式。我们并不会去质疑这种情绪是否恰当，我们只会去确认、辩解和为它找到冠冕堂皇的理由（Elkman，2003）。如果你正处于愤怒中，大脑会搜索你过往的经历，从中找出那些与这种状态相符的想法。其他所有信息都会被丢弃，直至"情绪爆发"这一阶段结束。理想情况下，这一阶段只会持续一两秒，但足以让我们把注意力集中到眼前的问题上来。然而，由于原生情绪和次生情绪多年的相互交叠，这一阶段持续的时间可能会更长，或许是几天、几周、几个月，甚至几年。这就为我们的生活带来了棘手的难题，因为它会让我们带着偏见看待周围的世界以及我们自己（并可能导致离婚率激增）。

引爆情绪的导火索分为两种，一种是共同的，另一种则因人而异。共同的导火索通常与生存有关，当某个人或者某个事物威胁到了我们的生命，它就是一种共同的可以触发恐惧情绪的导火索。个人的导火索属于我们通过个体独特的次生情绪系统创造出来的导火索。这些导火索构成了每个人的情绪预警数据库，这一点与我们内心的"光盘"相似。当某种特定的生活事件发生时，它能够激活我们内心的"光盘"，播放其中加密的历史数据。光盘上的每一条音轨都代表了一种被我们的次生情绪系统阻隔的情绪能量，而被阻隔的情绪能量会拼命地希望能够再次自由流动。幸运的是，生活事件的发生让我们有机会在情绪被引爆时运用自我情绪调节释放这种能量。

接下来请想象你年幼时的这样一幅情景：你的父母要求你一遍又一遍地做某一件事，这让你十分恼火。他们当时的表情、语气和言辞深深地刻在你的内心深处。接下来请想象这样一幅情景：你要求孩子做某件事至少五次。你内心的"光盘"是否让你产生了与自己的父母非常相似的表情、语气和说辞？

我们每个人内心的"光盘"上都刻着各种可以引爆情绪的按钮，在等着被按下。但是，你可以通过自我情绪调节来复写自己的"光盘"。

请想一想图4-1中让人痛苦的6种感受。能够触发你自己每一种情绪的"导火索"分别是什么？对我而言，喋喋不休的抱怨会让我迅速燃起愤怒的火焰。在我逐渐被愤怒控制时，我后颈的汗毛会竖起，双肩绷紧，双手发烫。推销员在电话中自顾自没完没了地叨叨而完全不理会你提出的问题、学龄前的小孩子和你顶嘴、糟糕的交通状况，这些都可能成为引起你怒火的"导火索"。不论你的"导火索"是什么，它都会阻断你与当下情境的联系。如果我们希望采取不同的应对方式，那么我们就必须主动地、有意识地认知自己的"导火索"。

愤怒　　　伤心　　　害怕

沮丧　　　失望　　　焦虑

图4-1　6种令人痛苦的情绪

活动 2

此活动主要涉及可能触发你的情绪的儿童行为。我们已经列出了一些可作参考的示例。下面三个问题可引导你顺利完成活动。

1. 请勾选与你个人情况相符的"导火索"。
2. 请写出你当前的"导火索"。
3. 请深呼吸，反思并且为每个问题写下你认为最恰当的3种"导火索"。

> 如果能够针对你最亲密的人、家庭成员以及同事进行类似的活动，则会对你大有裨益。请记录下你在哪些情形下说出了令你现在感到后悔的话。这些情形将会揭示你的"导火索"属于哪种模式。

下面是一位家长的记录示例：

今天放学后，老师告诉我，小君今天和同学发生了冲突，小君把同学推倒在地，还不肯道歉。我严厉地训斥了他，说："我告诉过你多少次要和同学好好相处，你听不见我说话吗？"并告诉他，以后晚上别想再玩游戏了。

引起愤怒的导火索：

与别人发生冲突——冲动

不肯道歉——态度恶劣

引起愤怒或沮丧的导火索

- ☐ 故意伤害他人——欺凌。
- ☐ 不愿尝试或者一直找各种借口——懒惰。
- ☐ 不听他人的意见，不关心他人——冷漠。
- ☐ 没有礼貌——态度恶劣。
- ☐ 总是找借口推卸责任或者责备他人——不负责任。
- ☐ 无知、对他人抱有成见或者排挤他人——粗鲁。
- ☐ 不懂礼貌，不遵循礼节——娇宠。

其他导火索

☐ _____
_____
_____

最让你感到愤怒或沮丧的导火索

☐ _____
_____
_____

引起伤心或失望的导火索

- ❏ 孩子未能达到你的期望。
- ❏ 认为孩子的父母对孩子的关爱不够。
- ❏ 看到孩子挨饿。
- ❏ 认为老师对孩子的关爱不够。
- ❏ 看到孩子十分努力，但仍然失败了。
- ❏ 听到学校、社区或者媒体上有关孩子们生活艰难的消息。
- ❏ 一个孩子辍学了。
- ❏ 孩子撒谎或者扭曲事实。
- ❏ 孩子说自己要做某件事，但是没能坚持到底。

其他导火索

❏ _____
_____
_____

最让你感到伤心或失望的导火索

❏ _____
_____
_____

引起害怕或焦虑的导火索

- ❏ 孩子在考试中成绩欠佳,把责任归到你身上。
- ❏ 在规定的学习时间里,孩子不愿学习。
- ❏ 家长或教师要求召开一次重要的会议。
- ❏ 班主任对你进行评测,或者让你去他(她)的办公室。
- ❏ 孩子的行为具有侵略性,软弱退缩,或者存在其他重大问题。
- ❏ 工作时间到了,而你还没有做好准备。
- ❏ 你的孩子不能和某个一起玩耍的小伙伴或者同班级的脾气暴戾的同学友好相处。
- ❏ 你值班时,一个孩子打了另一个孩子,你必须将此事报告给家长。

其他导火索

❏ _____

最让你感到害怕或焦虑的导火索

❏ _____

反思

在这个活动中，我对自己的反思是：

承诺书

我要有意识地去感知可能引发我情绪问题的导火索。这样做不是为我过去的行为感到内疚，而是改变自己，让自己活得更加真实。为了我自己、我所爱之人以及我照看的孩子，我愿意这样做。

签名：_____ 日期：_____

正如我们曾说过的那样，如果我们给它创造了机会，我们的情绪就会像气泡一样自然而然地浮上水面，潜水是我的爱好之一。情绪就像我们潜水时呼出的气泡，它们会一直向上，浮出阳光明媚的水面，这时我们就可以感知它（见图4-2），说出它并且管理它。当我为情绪开启了一扇门，它们就能自然而然地显露出来。下一步"积极暂停"是至关重要的，它可以让这个冒泡泡的过程自然地发生。

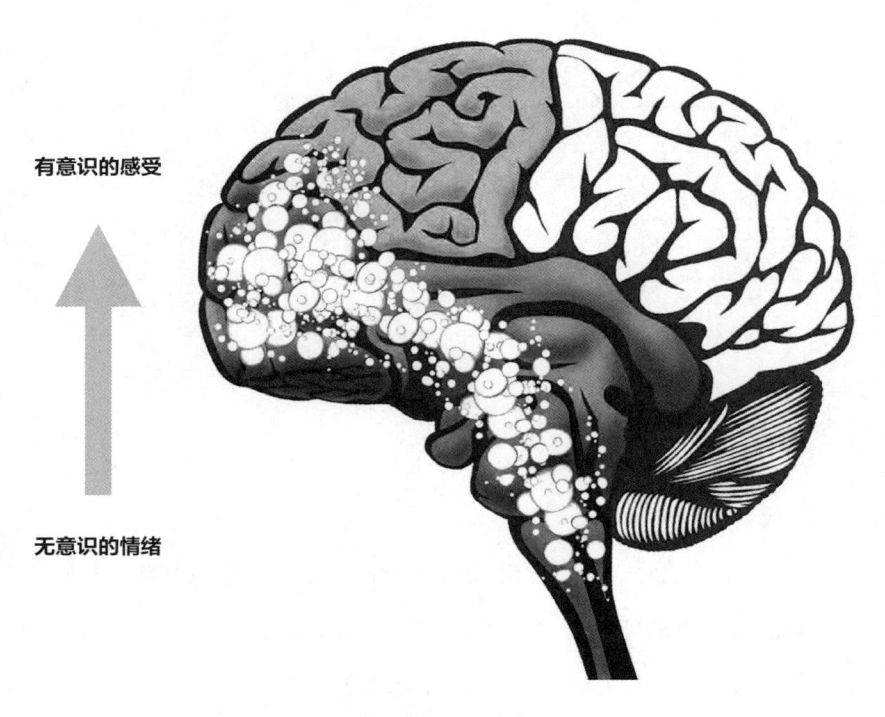

有意识的感受

↑

无意识的情绪

图 4-2 感知我们的情绪

❶ Calm　第2步：积极暂停

"积极暂停"让我们可以观察并且认识自己的情绪。当我们情绪发作时，被情绪所劫持是瞬间发生的。一分钟前你还在湖边散步。下一分钟你就可能掉进湖里，拼命地挣扎但还是沉入水底。我们必须学会减轻这种感受的强度，从而对它进行管理。我们必须在淹死之前从湖里爬上来！唯一的办法是在冲动和行为之间增加一个暂停的过程。我们必须要呼吸！

当我们被情绪左右时，我们身体的各大系统都处于紧张状态，我们会屏住呼吸。

在智慧自律中，我们教给孩子和成人一套主动保持平静的技巧，我们称为"微笑星"（微笑、深呼吸、放松）。通过有意识地深呼吸和将注意力集中在呼吸上，我们可以关闭这种"战斗或逃跑"的应激反应。深呼吸有助于创造一个暂停的片段，从而让我们切身地感受自己的情绪，而不是任由它发作。

> 增加一个暂停需要两个基本要素：深呼吸（breathing）和观察（noticing）。

增加一个暂停不仅要求我们深呼吸，还要求我们进行观察。观察要求我们单纯地看到事物本来的面貌，不加任何主观臆断或者评判。它要求我们成为一个细心的观察者。单纯地观察你的肺部是否感到紧张，你的手是否发烫，你的语调是否升高，或者你是否想接近引发愤怒情绪的事物。我们通常在面对这种感受时作出的条件反射式的反应是评判，而不是观察。选择观察我们内心的状态而不是评判它们，这要求我们放下多年形成的旧习。例如，"你这个混蛋"就是一种评判性语言，意思是"我心跳加速，哽咽到说不出话。那辆车突然超到我的前面，把我吓得半死！"

正如第 3 章所言，情绪的一个显著特征就是它的信息传递系统。尽管我们在表达能力上可能不尽相同，但情绪通过语言、表情、姿势和动作传递出来的信息则是共通的，把我们的内在状态以类似广播的方式传递给了其他人。例如，当我们伤心时，我们的语调更轻，音量更低，眉头紧蹙（Ekman，2003）。当我们的情绪爆发时，如果我们能够察觉到身体中这些异样的感觉，以及它们通过我们的表情、想法和语调表达出来的信号，那么我们就已经走在实现自我情绪调节的道路上了。

当我们感到自己的情绪被触发时，我们多半会对儿童的行为作出评判。如果我们的评判盖过了孩子们的内在状态，就会抑制孩子们运用他们的情绪引导系统的能力。评判，无论好坏，都会阻碍情绪从无意识认知向有意识认知流动（见图 4-3）。

通过观察而不是评判让自己时刻关注当下，这才是让情绪转变为有意识的情感的关键所在。下面这段哈莉和卡梅隆的故事可以帮助你更加深入地认识二者的区别。

哈莉的故事

哈莉是个四岁的女孩，她问妈妈她能不能在后院里玩耍。

妈妈简单地回答说："不行，你只能在屋子里玩。"

"为什么不行？"

妈妈现在心事重重、心烦意乱。"不行就是不行。你现在安安静静地找个地方玩去。我不想跟你争这个。"

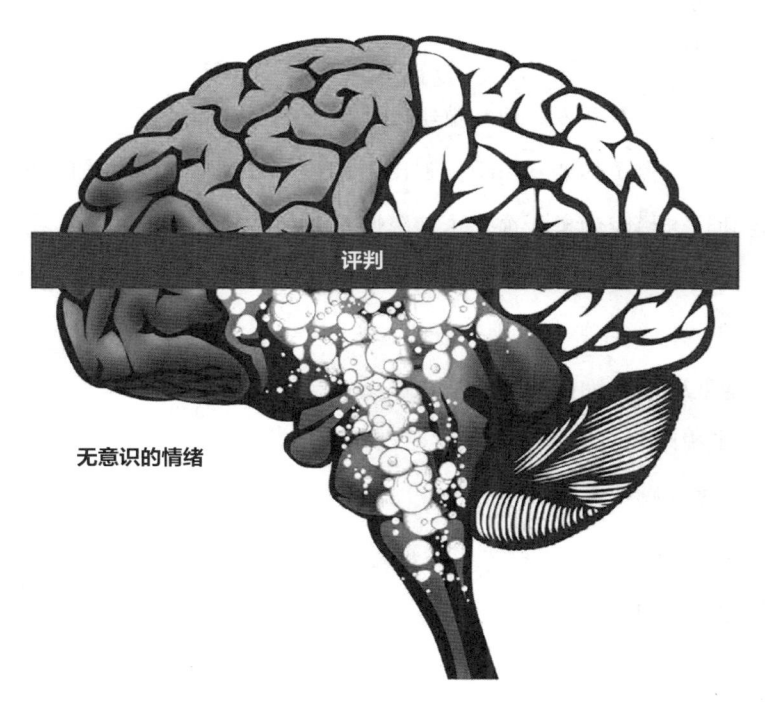

第 4 章　成人的历程：自我情绪调节五步法

评判

无意识的情绪

图 4-3　评判阻碍了情绪的流动

哈莉的表情开始扭曲，她开始放声大哭。

"别哭了。我说了不行，哭也没用。回你自己的房间，或者在客厅里玩别的。"

妈妈认为哈莉的失望和伤心只是为了让自己恼火，她觉得整件事情的经过都是孩子在故意气她，她并没有关注哈莉的内心感受。然后妈妈用自己严厉的骂声（"窝囊废"）和放任（"回你自己的房间"）压制住了哈莉的情绪波动。

113

卡梅隆的故事

卡梅隆今年九岁。他在数学上遇到了难题，并且极力逃避学习数学。今天，孩子们要到黑板前说出他们在学习数学时遇到的问题。特雷老师让卡梅隆到黑板前。卡梅隆脸色苍白，眼神飘忽不定，在座位上极力压低身姿。

"卡梅隆，还等什么呢？赶快过来。"

他双臂抱在胸前，脑袋抵在课桌上。

"卡梅隆，赶紧过来！数学题没那么难。"

卡梅隆嘟囔着说："我不会。"

"你还没试试就要放弃吗？你就这么窝囊吗？凡事都放弃？全班人都在等你呢。"

特雷老师并没有留意卡梅隆的害怕和焦虑，她只是用"你很懒，遇到困难就后退，给别人添乱"这样的评判盖过了他的感受。

随着时间的推移，这种评判逐渐汇聚到一起，形成了孩子们内心深处挥之不去的对自己的错误信念。它们变成了生活中的各种桥段，以及投射到他人身上的错误认知。我们正是通过这种方式形成了大脑中喋喋不休的"光盘"。相反，我们要做的是深呼吸和仔细观察，然后促进情绪的自然流动。通过这种方式，我们可以终止一代人将自己的评判和过去的伤痛投射到下一代身上的恶性循环。

我们来重温这些场景，让哈莉的妈妈以及特雷老师学会运用自我情绪调节过程中的第二步。她们没有进行任何针对个人的评判，而是做了深呼吸，并且注意到了自己内心中汹涌而来的情绪，因此他们可以采取不同的方式加以应对。

重温哈莉的故事

哈莉问妈妈她能不能到后院去玩。

妈妈随便说了句："不行！你只能在屋子里玩。"她听到自己的语气充满了不耐烦，并且全身都变得非常紧张，她认识到自己正在被强烈的情绪左右。她主动做了几次深呼吸，然后开始留意自己头脑中激荡着的火气："就不能让我安静一会吗？为什么所有人都让我做这做那？为什么非要让我来做决定？"她注意到自己的身体正在变得僵硬，眼前看到的一切都让她感到厌恶。她继续深呼吸，然后听到女儿说："那为什么不行？"

"妈妈正在干活，你不能自己出去玩。我需要保护你的安全。你在屋子里再玩半小时，然后我就带你出去玩。我去给炉子定好时间，等时间到了，我们就可以出去玩了。"

哈莉的表情开始扭曲，她开始放声大哭。

"等待的确让人感到很难受、很失望！你本来希望我们现在就出去玩。但是你可以很好地控制一下自己，和我一起深呼吸，我们再等30分钟就可以出去玩了。你可以帮我做点什么，这样会感觉时间过得快一些。"

重温卡梅隆的故事

特雷老师："卡梅隆，我们不能一整天都在等你。快到黑板前面来。"特雷老师注意到自己的声音听起来很不耐烦，她意识到自己的情绪已经被引爆了。她迅速做了几次深呼吸。在这个过程中，她注意到了自己大脑中的自我对话："我已经不止一次试图帮助卡梅隆了，但他就是不行，我不知道该怎么做了。不是我不关心他，而是我还有其他 24 个学生需要照顾。我非常努力，但我不可能面面俱到。这是不可能实现的。他自己需要更多努力。"

她注意到自己的身体变得紧张，喉咙哽咽，连吞咽都有困难。她继续深呼吸，在大脑中对自己说："我很安全，继续深呼吸，我可以很好地应对。"

卡梅隆双臂抱在胸前，把头抵在课桌上。

特雷老师："卡梅隆，你的胳膊就像这样。你的头就像这样。"

卡梅隆偷偷瞄了她一眼，在和老师目光交汇时，他嘟囔着说："我不会。"

特雷老师："你选择了放弃。你的双手就像这样。"

特雷老师在全班学生面前做了一个放弃的手势。卡梅隆还是没有任何反应，特雷老师转向班里的其他学生说："卡梅隆在数学上遇到了困难。让我们一起深呼吸，给他带来力量吧。他很快就能好起来的。"

活动 3

下面这个活动可以帮助你观察自己的感受。为了充分利用这个活动，请在每个环节闭上自己的双眼，然后想一想你产生这种情绪时的情景。就像看短视频一样，在你的心中重温这个情景。利用你的全部感官回想你当时的感觉、情绪以及心路历程。然后把自己的注意力从当时的情节（谁对谁说／做了什么）转移到你自己身上，细心地观察你情绪的波动、起伏和紧张感。

1. 前四行列举出了观察（而非评判）所使用的语言。请勾选与你自己内心中所观察到的情形相符的选项。
2. 请在后面四行中写下你在感受这种情绪时产生的其他想法、感觉和行为。
3. 每个环节的最后给出了一个空白的表情小人。在完成每个环节后，请在小人身上用颜色标注出你观察到的情绪产生的位置。你可以使用不同的颜色，或者用颜色的深浅来表示你感受到的这种感觉的强度。

下面是智慧自律高等研究院的一位学生所做的示例，可以给你一些帮助和参考：

情景：最让我感到伤心的事是父亲去世。我每次闭上眼，眼前都能浮现出我和他聊天时的情景，这些情景时刻萦绕在我眼前。大学毕业的那年秋天，我和他一起走在校园外，脚下的橡果咯吱咯吱作响，我们就这样聊着天。高中时的一天夜里，我们坐在餐厅的桌子前聊天，整个房间安静极了。他的音容笑貌清晰地印在我的脑海里，栩栩如生，好像他本人就站在我面前，但是我们再也不能这样静静地聊天了。这让我伤心不已。

我观察到的现象：我没有去想当时的情景，而是专注于当时的感受。我的喉咙火辣辣的，并且哽咽到说不出话。我的眼睛盯着下方。随着这种感觉越来越强烈，我感到面颊发烫。我想要躲起来，逃避这种让人难过的回忆。我把自己的感受画在了下方的人偶上。

当我感到愤怒时，我注意到……

在大脑中回想某个让你感到愤怒的情景。我注意到以下方面。

- ☐ 我的表情变成了这样（演示并且用心去感受）。
- ☐ 我的心跳开始加速，我很想冲上前去。
- ☐ 我满脑子想的都是别人哪里做得不对。
- ☐ 我感觉特别想去购物，喝点或吃点东西，干会儿活，或者看会儿电视。

第 4 章 成人的历程：自我情绪调节五步法

☐

"表情小人"小贴士

请在表情小人身上用颜色标注出你观察到的情绪产生的位置。你可以使用不同的颜色，或者用颜色的深浅来表示感受强度的不同。

当我感到伤心时，我注意到……

在大脑中回想某个让你伤心的情景。我注意到以下方面。

- ☐ 我的表情就像这样（演示并且用心去感受）。
- ☐ 我感到无力。我感到大脑一片空白，身体像被掏空。
- ☐ 我满脑子想的都是我失去了什么。
- ☐ 我感觉特别想去购物，喝点或吃点东西，干会儿活，或者看会儿电视。

☐ _____
_____
_____
_____

"表情小人"小贴士

请在表情小人身上用颜色标注出你观察到的情绪产生的位置。你可以使用不同的颜色，或者用颜色的深浅来表示感受强度的不同。

当我感到害怕时，我注意到……

在大脑中回想某个让你感到害怕的情景。我注意到以下方面。

- ☐ 我的表情就像这样（演示并且用心去感受）。
- ☐ 我感到表情和身体都很僵硬。我没有办法思考。
- ☐ 恐惧很快变成了焦虑。
- ☐ 我心里反复想"要是这样该怎么办""要是那样该怎么办"。

☐ _____

"表情小人"小贴士

请在表情小人身上用颜色标注出你观察到的情绪产生的位置。你可以使用不同的颜色，或者用颜色的深浅来表示感受强度的不同。

当我感到快乐时，我注意到……

在大脑中回想某个让你感到快乐的情景。我注意到以下方面。

☐ 我的表情就像这样（演示并且用心去感受）。

☐ 我感到身体充满了力量，内心平静并且精力充沛。

☐ 我的想法中没有对他人的指摘和评判，让一切回归它们本来的样子。

☐ 我很想找人说说话，和别人一起分享，做一些傻乎乎的事，我愿意为别人做任何事。

☐ _____
   _____
   _____

"表情小人"小贴士

请在表情小人身上用颜色标注出你观察到的情绪产生的位置。你可以使用不同的颜色，或者用颜色的深浅来表示感受强度的不同。

当我们把注意力从引爆情绪的事件转移到呼吸上时，我们就可以运用自己的力量观察自己的内在状态。我们在评判他人、推诿过错、责备他人或者宣泄情绪的冲动前增加了一个暂停，因此可以让这些情绪逐渐显现，并且进入我们的意识层面。通过一定的练习，我们会看到那些引发情绪的事物在大脑中转瞬即逝，我们可以仔细观察自己的判断，而无须说出那些让我们事后后悔不已的话。

观察让我们更加深刻地认识自己！我们会发现，我们对待自己远比对待他人更加苛刻和严厉。我们仍然带着情绪爆发时产生的强烈的愤怒、伤心和害怕，我们不但没有从湖中爬上岸，还试图粉饰、否认我们正身在湖中这一事实，或者麻痹和转移自己的注意力。我们会发现，我们正在阻碍自己获得快乐，而在这一步增加的暂停则让我们有能力清楚地说出自己的感受，和它友好相处，调整自己的情绪，并且从中学到经验教训，而不是让自己成为生活中的受害者。

I Feel　第 3 步：识别情绪

我感觉充满了自信，我可以准确地说出自己的感受。 随着情绪（流动的能量）继续进入意识层面，接下来我们要做的是识别我们此刻的感受。情绪是一种有能量的生理结构，其中包括各种想法、感受和信念。我们必须将自己的感受从这个集合体中抽离出去。要想做到这一点，我们必须主动抛开当时的情节，并且找出情节所代表的原生情绪。

这个简单的识别过程可以将我们与情绪分离开。我们不会在情绪失控的状态下迷失自我，而是用心去感受自己的情绪。当我们抛开这些生活情节，并且准确说出自己的感受时，我们便创造了一个空间，从而可以感知自己的情感而不是被它控制。

如果我们能够说出自己的感受，我们就会自然而然地创造出这个空间，但是准确说出自己的感受并非易事。大多数人既无法得到自己所需的帮助，也极少作出这样的行动！我们经常会通过下面的某种方式阻断这一过程：

情景1：相信故事情节，隐藏自己的感受。请记住，当我们的情绪被引爆并且被情绪左右时，我们会屏蔽掉所有与当下认知不符的信息。在这种情形下，我们会想象一种感受或虚构一个情节，来解释为什么我们成了生活中的受害者，并搜集各种材料作为佐证。在理解和认知能力受限（掉入湖水中）的情况下编造出来的情节会为我们的情绪穿上厚厚的外壳，让它很难改变。有多少人在多年后依然背负着童年时期形成的虚构情节和情绪包袱？本质上来说，我们是在让一个9岁的孩子凭着自己的感觉指导我们现在的生活。

情景2：将想法与感受混为一谈。我们经常会说"我觉得_____"或者"我觉得好像_____"，而不是说"我感到_____（某一种感受）"，这样做的结果是我们经常将想法和感受混为一谈。"我觉得你没有在认真听讲""我觉得你好像在干扰我的投票"都是一种想法而不是感受。"我感到内心很沮丧"才是一种感受。对于我们中的很多人来说，准确地说出自己的感受是未曾尝试过的新鲜事物，那么我们就需要用到一些基本的原生感受：愤怒、害怕、伤心和快乐。当你感到自己的情绪被触发时，请从这4种感受中选择一个恰当的词描述你的感受。

情景 3："我感觉不好"还是"我感觉良好"。我们经常把各种感受粗略地分为两类："我感觉不好"和"我感觉良好"。这种笼统的分类会阻止情绪中所包含的情感信息进入我们的意识层面。在一个挤满了孩子的教室里，如果你想告诉詹森一个消息，此时你大喊"孩子们，孩子们"，而不是"詹森，詹森"，这会是什么样的一种情形？你可能永远也听不到詹森的回应，因为你喊出的"孩子们"实在太宽泛了。

"好"与"不好"的分类无异于"开心"和"不开心"这样笼统的分类方法。正如我在前言中所说，这些是我们在婴儿时期对情绪的分类。我们在生理方面和认知方面成长了很多，但是我们的情绪发展仍处在两岁幼儿的水平。大多数人可能需要一个暂停才能准确地分辨出 4 种原生感受：愤怒、伤心、快乐和害怕。准确辨别次生情绪（沮丧、焦虑、失望和平静）甚至更加困难。但是，准确地说出我们的感受才是解放自己、用心感受自身情绪的关键所在，这样我们才能最终调节自己的情绪并且听从情绪的引导。

情景 4：使用评判的语言。我们会使用评判（judgments）的语言，如讽刺挖苦、批评指责和沉默不语，而不是与感受（feelings）相关的语言。感受的语言能够拉近我们之间的距离，在问题和解决方案之间搭建起一座桥梁，让我们从相互排斥变为相互联结。批评指责、讽刺挖苦和沉默不语就像路障一样，会阻碍人与人之间的沟通和联结。没有人际互动，我们就会失去与大脑高级神经中枢之间的联系，并会再一次让我们在自制、实现目标和建立良好的人际关系等方面所做的各种努力化为泡影。

从评判的语言转向感受的语言需要一个暂停。如果我们仍然让自己停留在无意识的"自动驾驶"模式下,那么这种转变是无法实现的。表 4-2 中列出了各种评判的语言以及与之相对应的感受的语言。请注意感受的语言如何让我们将沟通的意图从评判(攻击)转向分享(联结)。

表 4-2 评判的语言和感受的语言

评判的语言	感受的语言
你这么做只会让我更难受!	我遇到麻烦了,我感到十分焦虑。
看看这局面。我们会同归于尽的!	我感到非常害怕。我不知道怎样做才是对的。
你根本就不关心我。	我感到非常失望。我本想我们可以多待一会儿。
你的腿折了吗?看看聚会开始前还有多少事情要做!	我感到不知所措。你能帮帮我吗?你可以摆好饮料和冰块。
你一直在骗我!	我感到很困惑。你帮我捋一捋。

你可能会觉得改变自己的情绪语言(emotional speech)是很难做到的。确实如此,这需要你保持高度的警觉和意识。但是,这种关注点的细微转变正是"我要打爆你的头!"和"我感到怒不可遏。"的差别。它是"冲突不断"与"世界和平"的差别。请你今天务必下定决心,一旦你感到自己变得情绪化,你就要深呼吸,然后找出与这种情绪相符的词语用来描述它。你可以给它起一个名字,然后开始自我情绪调节过程,并让自己的心态回归平静。

多年以来，我一直在和自己易怒的脾气做斗争。直到有一天我学会了用心去感受我的愤怒而不是任由愤怒控制我自己，这时我可以更好地管理它。请用心阅读下面的短句，看看你能否用自己的身体感受到二者的区别。

我很愤怒。我感到愤怒。

我很伤心。我感到伤心。

你能感受到区别吗？当你说"我感到……"时，你的身体是否比说"我很……"时更加放松？回到湖的比喻上来，"我很愤怒"就像不会游泳的人跳入湖中。我们拼命挣扎，耗尽力气，有时还会攻击那些试图救我们上岸的人。而当我们说"我感到愤怒"时，我们则是正在经历某种特定情绪，并且我们有能力控制它。我们不要跳到情绪的湖中，而是选择坐在湖边，用心去感受自己的情绪，静静地、耐心地倾听情绪带来的信息和指引。

> 这种从"你很愤怒"到"你看起来（听起来）很愤怒"的转变拥有非常强大的力量。它鼓励孩子们审视自己的内心，并且准确地辨别自己正在经历的情绪。孩子们越早认识到这种情绪，就有越大的可能在感受到情绪的出现和作出冲动行为之间增加一个暂停。这种暂停看起来不起眼，但却能让我们说出"我不喜欢你这样打我。如果你想和我玩，请对我说'和我一起玩好吗？'"这样的话，而不是对别人拳脚相加。

I Choose　　第 4 步：调节情绪

和自己的情绪友好相处。准确地识别和说出一种感受让我们有机会驯服它并且改变它。拥抱这种感受并与它友好相处，让我们能够在选择的世界里时刻保持清醒的认知。

> 我们所抗拒的留了下来；我们所接受的却消失不见。

尽管作出不同的选择发生在识别情绪阶段，但是行为本身要求我们和自己所命名的感受友好相处。然而，这很困难。有时我们会害怕让一种感受进入我们的身体，因为它可能会像一个在派对上玩得太嗨的客人一样不愿离开。还有一些时候，我们会担心完全陷入其中无法脱身。当我们意识到某种感受的存在时，我们经常会对它敬而远之。事实上，和自己的情感友好相处才是让情感自然发展的唯一途径。

那么我们该如何与自己的情感友好相处呢？请想一想友谊是如何建立的。第一步，你会说"你好"，简单地和对方打个招呼。接下来是某种形式的邀请。"我可以和你聊会天吗？"这种情绪隐含的信息是"欢迎你的出现。你在这里会很安全。我不会责备你，不会把你推开，也不会不理会你，更不会通过药物来控制你或者把你藏起来。"

我们以开放的心态迎接自己的情感，坦诚地面对它，并且真心地接受它的存在，我们就能让它完成自己的整合任务。它会整合我们的自主神经系统，平衡副交感神经系统（暂停）和交感神经系统（加速），陶冶我们的性情，整合我们的各种生理机能，促进身体健康发展。此外，它还能整合大脑的各种低级神经系统和高级神经系统，让我们在面对生活的各种事件时能够从容应对而不是作出过激反应。它会鼓励我们不要纠结于现实中的鸡毛蒜皮，不要固执地坚持凡事必须符合我们的心意，让我们可以优雅从容地面对生活。简言之，它可以让我们顺应生活中的各种变化而不是与之对抗。

与自己的情感友好相处让我们有机会作出真正的选择，并且从不同的角度看待各种事物。当某一种情绪涌上心头并且占据了我们的思想，我们的感知能力会因此下降，这样才能支持这种情绪的存在。现在，我们可以从多个角度看待同一个问题，从积极的角度重新解读过去发生的那些不愉快的事情，为自己和他人创造一个圆满的结局。

让我们回到我在第 2 章中讲的那个"爸爸要害死妈妈"的故事，一旦我把愤怒和害怕从情景中剥离出去，我就获得了另一种全新的认知。我能感受到自己因为无法遏止疾病的发展而产生的愤怒感，因为这种疾病正在慢慢地剥夺双亲的记忆。我也能感受到因为无法生育和担心未来患上同样的疾病而产生的恐惧感。随着我逐渐接受了这种情绪并和它友好相处，我开始感知到母亲和父亲之间强烈的爱。父亲深爱着母亲，他守在母亲的身边一刻也不愿离开，并且一直悉心照料她。

我还回想起了我在日记中抱怨"为什么爸爸妈妈不能一碗水端平？"时的情景。在写这段日记时，我和弟弟正在为了父母更偏爱谁而"争风吃醋"。一天，我突然间意识到，那个三岁的我在满怀嫉妒的同时形成了一种认知偏见。我身边有很多三岁大的孩子，但是我从来不会让一个三岁孩子的逻辑推理能力把我自己的生活搅得天翻地覆。没错，我在将近 50 年的时间里就是这样做的。

生活中的一些常见的认知，如"谁都不可信""做对事就不会惹麻烦"或者"取悦即是爱"，这些都是愚蠢的想法。不管你虚构出来的情节是什么样的，唯一真实的只有你的感受和情绪。说出它的名称，和它友好相处，然后努力改变它！

想一想此时此刻哪些事情让你感到担心和害怕。如果你想到的不是"害怕"，你也可以想象与害怕相关的次生情绪（担心、忧虑、焦虑）。想象你把这种情感安全地抱在怀里（见图 4-4），放在裤兜里，放在钱包里，带着它完成你一天的活动。让这种情感附在你的身上，直到它完成了它应有的任务，这就是它送给你的礼物。

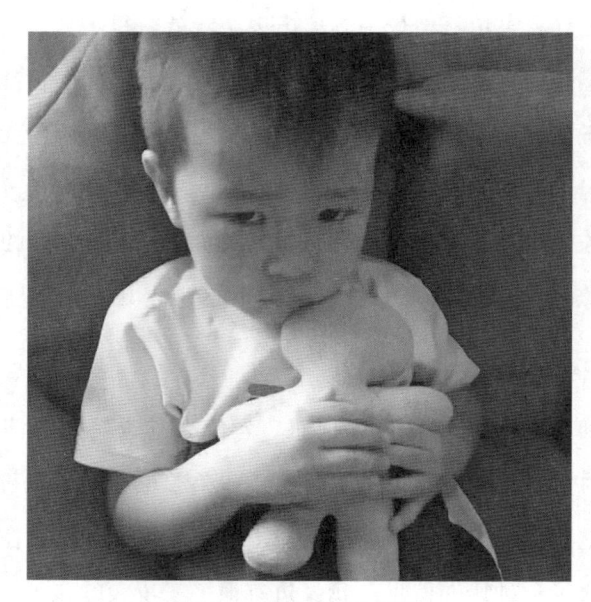

图 4-4　拥抱自己的情绪

I Solve 第 5 步：解决问题

"解决问题"让我们可以运用情感的智慧作出明智的行为。 目前，我们已经认清了触发情绪的导火索，学会了通过深呼吸和观察让情绪平静下来，准确地说出情绪的名称，然后通过和它友好相处回归整体的自然状态。现在我们可以在采取行动时充分利用情绪中蕴含的信息，以及它在整合各种身体机能过程中产生的智慧。我们可以把责任作为沟通的切入点，负责任指我愿意为自己的情感、思想和行为承担责任，负责任的解决方式包括冲突解决机制、接纳、学会新的技能以及建立起更加牢固的人际关系。真正解决问题需要创造一种双赢的局面。在第 3 章中，我们重点讨论了与各种情感相关的信息。下面所列的这些情感信息则可以指引你找出负责任的、双赢的解决方法。

愤怒和沮丧能够激励我们作出改变。问问自己：我想不想让别人改变他们对待我的方式？我想不想让事情按照另一种更好的方式进行？我想不想实现某个具体的目标？我想不想改变消极错误的人生情景？愤怒和沮丧能够让你清楚地认识到你希望得到什么，而不是厌恶什么。要想这样做，你必须首先让自己平静下来，关闭身体中的这种"战斗或逃跑"的反应模式。应对愤怒最好的方法就是深呼吸，然后让自己平静下来。

那么，我们该如何用恰当的方式表达自己的愤怒呢？请看下面的示例。

- "我感到愤怒。我要让自己平静下来，然后再和你说话。"
- "我不喜欢你在我说话时插嘴。请等我说完以后你再说。"

- "我感到沮丧。我本希望我们可以平静地讨论这个问题。"

伤心和失望所承载的信息是损失。如果失去了某个宝贵的机会，或者某个我挚爱之人离我而去，我该如何应对？在感到伤心和失望时，我们都需要寻求安慰、帮助和理解，并且要清楚地认识到这个目标是否能够提供我们所需的安慰。不久前，我的父亲与世长辞了。我用了几乎一周时间才认识到，这些天我一直在用吃着饼干看电视剧的方式获得心理安慰，而不是向那些爱我的人寻求帮助。很多人都对生活充满了各种误解，这种误解会阻碍我们寻求帮助。很多人错误地认为，向别人寻求帮助是懦弱的表现，我们经常将懦弱与痛苦的经历联系起来。还有一些人认为，当我们让自己显得很脆弱时，如果我们希望得到的回应未能如期而至，那么我们无疑是将自己暴露在更多的失望或者伤痛之下。面对这种情感时，最好的解决办法是向他人寻求安慰和保持自己的信念。

下面是向他人诉说你的伤心和失望时的一些对话示例。

- "我感到非常失望。我本来想着我们今晚出去吃饭。不管最终结果怎样，你能不能帮我给孩子们买一些三明治，并且告诉我可以很好地应对现在的情况？"

- "我心里非常难过。我想念妈妈。我知道她已经去世多年，但是这种痛苦总是紧紧地揪着我的心。你能不能抱抱我？"

害怕和焦虑所承载的信息是威胁，这种威胁既可能是真实存在的，也可能是虚构的。害怕和焦虑表达了我们对安全的渴望。很多人在成长的过程中都经历过很多威胁，我们甚至不知道真正的安全究竟是什么样。因此，我们低估了自己在发泄恐惧（而不是好好沟通）时给他人带来的惊吓。安全源自保障、能够获得更多信息、能够找到庇护所，或者有其他人或事物能够保护我们的人身安全免于遭受侵害。面对恐惧时最好的做法是获得安全感。

以下是与他人分享自己的害怕和焦虑感时的一些对话示例。

- "工作的最后时限即将到来，这让我感到十分焦虑。我不知道怎么才能在最后时限前完成工作。我好想再多给我一点时间，让我更好地理解这份工作的性质。"

- "我感到非常害怕。这辆车不安全。在我们的汽车修好并且让我感到足够安全前，我要租一辆车。"

快乐和平静所承载的信息是我们很多人梦寐以求的：生活很美好。但是，快乐和平静不是你通过努力实现的，而是我们在停止固执己见，并且让自己放松后所进入的一种状态。快乐和平静是我们的自然状态。婴幼儿本身就处于一种自然的快乐、平静的状态。快乐和平静所传递的信息是：我们要心存感激，要记住无论遇到什么样的困难，爱是解决问题的答案，我们所有人都是密不可分的。

最后一步"解决问题"将引导我们带着全新的视角和技能重新回到最初引发情绪的"导火索"上。在我和父母的故事中，我会带着父母之间有着坚贞不渝的爱情这种全新的视角，重新审视"父亲要害死母亲"这一引发情绪的导火索。随着我们一遍遍重复自我情绪调节五步法，我们就能疗愈曾经的伤痛，增进我们的情感关系，并且作出恰当的决定让我们逐步实现自己的目标。

此时，你或许已经为实现人生的转变做好了准备。我引用了大量的研究成果，深入地讨论了各种策略，并且提供了大量案例，目的是为你的转变铺平道路。自我情绪调节五步法并不是自动发生的，我们必须有意识地不断练习，并且时刻保持警觉。我们实现自我转变和提高自身情绪调节技能的愿望越强烈，与儿童和他人互动时以及辅导他们完成自我情绪调节时就会越游刃有余。"赠人玫瑰，手有余香。"如果你看到了别人的优点，你也将成为一个优秀的人，绝对如此！

　　现在，我们需要运用所学的知识和技能帮助我们的孩子们。作为家长和教育者，我们都希望孩子们的童年比我们的更美好。我们希望下一代更聪明，更快乐，生活更加充实。在下一章中，我们将讨论通过哪些方式来展现我们对孩子们的美好祝愿和殷切希望。

承诺书

我愿以身作则亲身实践自我情绪调节五步法。我现在认识到，强迫孩子做我们自己都不愿意做的事情只会让双方都遭受挫折，铩羽而归。

签名：_____　日期：_____

第5章

儿童的历程：
帮助孩子实现自我情绪调节

Managing Emotional Mayhem

第 5 章

儿童的历程:
帮助孩子实现自我情绪调节

"是我先拿到的。""我讨厌你。""这真是太愚蠢了。""你不能强迫我。""不行!"儿童情绪的爆发总是伴随各种向外的行为:推挤、推搡、咒骂、排挤等。他们也可能表现出向内的行为,如退缩、完美主义和生闷气。我们回应儿童情绪问题的方式方法既可能抑制也可能鼓励儿童发展出他们自己的自我情绪调节技能。

帮助孩子管理自己的情绪,辅导他们从无意识地宣泄情绪转向有意识地应对,这要求他们像成人一样掌握自我情绪调节五步法。你对情绪引导系统和自我情绪调节五步法的理解将为你提供深刻的洞察力,帮助你辅导孩子掌握这一过程。

在教授儿童自我情绪调节五步法时,你必须做到有的放矢。一种很好的做法是使用前言部分提到的"心情娃娃"

自我情绪调节工具包中提供的 8 个"心情娃娃"，或者使用"你的心情"图。你可以将它们打印出来，裁剪好，然后将面部表情图贴到已经准备好的娃娃或者毛绒动物玩具上，用于替代"心情娃娃"，作为帮助儿童识别各种情绪的道具。

简单来说，孩子们根据自己内心的感受，按照娃娃脸上的表情选择相应的"心情娃娃"，然后成人就能教孩子如何在"心情娃娃"身上使用自我情绪调节五步法（见图 5-1）。当孩子学会在"心情娃娃"身上使用情绪调节五步法时，他（她）也在练习如何在自己身上运用这一方法。这个过程依赖于我们在第 1 章中提到的原理："赠人玫瑰，手有余香。"

在深入观察儿童运用自我情绪调节五步法前，我们需要花一点时间反思和总结一下。在阅读本书过程中，请用心体会成人的自我情绪调节过程与儿童的自我情绪调节过程存在哪些相似之处。

图 5-1 使用"心情娃娃"学习自我情绪调节五步法

🅘 Am　第1步：触发情绪

引爆情绪。就像成人一样，儿童的情绪也会因为某一个事件或者某一次互动而被引爆。此时，情绪就像洪水一样席卷儿童全身，使他屏蔽所有从外界输入的信息。只有这样，他当前正在经历的情绪才能得以维系。每个家长和教师都曾经经历过类似情形。桌子上可能有15支马克笔，但是雅各布偏偏只要那一支。谁也无法说服他改变这种想法。他变得非常执拗，为自己的想法找出各种理由，坚决不肯松手，甚至为此而撒谎或者大发雷霆。他所做的一切都是为了让事情按照自己的意愿发展。他关注的焦点变得越来越狭隘，并且会排除所有其他从外界输入的信息。这种强烈的情绪可能持续几秒，也可能持续几个小时之久。要想帮助儿童进入第二步，我们必须在他烦躁不安时保持平静，并且帮助儿童逐渐平静下来。

归根到底，我们必须要非常了解儿童，才能准确辨别引爆他们情绪的事物以及他们试图让自己平静下来的方式，这样我们才能帮助他们进行自我情绪调节。一旦儿童认识到是什么引爆了他的情绪，他就能够选择到安全角（在外界的辅导和帮助下）开始自己的自我情绪调节过程。安全角是在家中或者教室里设置的一个区域，在这里，儿童可以独自或者和"心情娃娃"一起练习自我情绪调节五步法。

🅘 Calm　第2步：积极暂停

深呼吸和观察。这一步的目的是帮助儿童在被强烈的情绪淹没和发泄情绪中间增加一个暂停。当我们被情绪控制时，我们的反应均来自大脑的低级神经中枢。暂停则使我们作出有意识的、理性的反应。

要想帮助儿童实现这种暂停，我们要鼓励他做三次深呼吸。这种深度的腹式呼吸可以关闭身体内的"战斗还是逃跑"反应。然后，我们要观察儿童除了语言之外的情绪信号。观察能够让儿童开始觉察自己身体的变化，从而将个人与情绪区别开来。观察还能促进目光的交流，进而培养人与人之间的联结（见图 5-2）。联结使我们可以发挥镜像神经元的功能，通过用自己平静的心态感染孩子的方式，主动地帮助孩子平静下来。

图 5-2　使用观察让孩子平静下来

❶ Feel　第 3 步：识别情绪

说出自己的感受。很多儿童可以分辨以图片方式展示的情绪，但是在他们自己感到内心不安时却很难分辨出自己的感受。在这一步，我们要做的是通过辅导教育帮助孩子认识到自己处于不安状态时的内心感受。这样做可以帮助儿童把情绪和感受与自己的身份认同区别开来。从"我很愤怒"到"我感到愤怒"的过程是一个基本的、必不可少的步骤，只有这样才能让自我情绪调节逐渐发生。

如果你和儿童一起在安全角，你要鼓励他选择与他此时此刻的感受最相符的"心情娃娃"或者适当的情绪认知玩偶（见图 5-3）。如果你在授课过程中发现儿童用顶嘴、骂人或者其他无礼的方式发泄自己的情绪，你要尽可能猜测他此时的感受，运用"描述"法，先说出他的情绪，再描述他的行为（如第 3 章所述）。你只要在恰当的时机说："你的脸就像这样。你看起来很生气。你希望 ＿＿＿＿＿＿。"这样产生的效果就大不一样。当我们帮助儿童准确地说出自己的感受时，这种情绪就变得可以管理了，而整合过程就此拉开帷幕。

图 5-3 选择心情娃娃

I Choose　第 4 步：调节情绪

接纳和改变。在这一步骤，我们将帮助儿童接纳自己的感受，和它友好相处，并最终改变它。通过接纳，这种整合过程将自然而然地让儿童愿意改变自己的情绪状态，并且从最初触发情绪的"导火索"中得到经验和教训。这种从不安到平静的改变是儿童用一种健康、妥当的方式重新加入班级或者家庭活动所必不可少的。我们要做的是帮助儿童作出良好的选择，从而让他们可以转变自己的心态并且回归最佳状态。除了"微笑星""水龙头""气球"和"开心麻花"这四种核心的方法外，其他有助于儿童转变心态的方法包括"手掌故事会"、记日记、绘画、聊天。在进行这些活动时，儿童通常会紧紧地抱着自己的"心情娃娃"或其他情绪认知玩偶。

I Solve　第 5 步：解决问题

解决问题。你做到了！你已经通过前面 4 个步骤帮助儿童在冲动和行为之间增加了一个暂停。既然他们已经处于最理想的学习状态，那么我们不妨教他们一个新的技能，或者从新的角度认识最初触发情绪的"导火索"。在这一步，我们要做的是辅导和帮助儿童面对触发情绪的"导火索"时采取不同的做法，这样他们在下一次遇到类似情形时就可以解决问题。我们可以给予他们适当的提示和鼓励，这些解决办法包括改变自身所处的环境或者掌握新的社会技能。我们要培养的五类解决方法如下所示。

1. 场景重现，解决冲突。
2. 接纳并且恰当地回应自己的感受。

3. 学习新的技能。

4. 改变周围的环境。

5. 建立起更强的联结。

> 让儿童透彻地理解和掌握本章阐述的自我情绪调节五步法是一个关键要素，它决定了我们能否顺利帮助儿童学会调整自己的情绪，并且以恰当的、健康的方式解决问题。

辅导方法

有三种方法可以帮助成人和儿童熟练地调整自己的思想、感受和行为。

1. 日常中恰当的教育时机。
2. 安全角：自我情绪调节学习中心。
3. "心情娃娃"活动提供的各种歌曲和活动。

本书提供了在教育活动中以及在安全角教授儿童自我情绪调节技能相关的知识和方法。这两种方法对于家长和教师而言基本上是相同的。"心情娃娃"活动中列出的各种歌曲和活动尤其适用于教育者，本书末尾提供了一个示范。

恰当的教育时机

当儿童和成人经历强烈的情绪痛苦时，我们的教育时机便出现了。大多数人把发生冲突的时刻称作"自律事件"（discipline events）。请记住，所有的冲突都源自情绪上的不安。真正的教育和引导只有在我们可以首先管理自身的不安时才有可能实现。当教育时机出现时，成人必须首先调整自己的情绪，这样才能成功地实施自我情绪调节五步法。

利用教育时机的好处是它们可以非常直接地让儿童接触和认识新的技能。脑科学研究结果以及常识告诉我们，要想学会管理情绪状态的新技能，我们必须将这些新的技能运用在出现此种情绪状态的场景中。每个人都曾经在情绪激昂的时候说过一些后悔的话，或者做过一些后悔的事。我们也知道，如果当时能够更好地管理自己的情绪，我们就能更好地应对当时的状况。如果在孩子情绪正盛时，我们能够教会孩子调控自己的情绪、实现自我情绪调节，那会怎样？这种教育时机就为我们提供了一个绝佳的机会。当儿童的情绪被引爆时，成人需要首先让自己平静下来，然后帮助儿童完成自我情绪调节的过程。

安全角

安全角是一个庄严的地方，儿童可以在这里得到指导、鼓励和帮助，从而通过自我情绪调节活动调整他们自身的情绪状态。安全角也是一个学习的地方，儿童可以在这里运用我们教授的自我情绪调节技能。在安全角，孩子们可以单独练习，也可以和"心情娃娃"或者其他情绪认知玩偶一起练习这些新的技能，而不会产生任何顾虑。

> 帮助儿童意识到自己的情绪爆发状态并且引导他们来到安全角。

儿童来到安全角的目的是改变他们自己的内在状态，从不安恢复到平静。他们可以在需要时自由使用安全角，只要有需要，他们随时都可以使用它。我用"庄严"（sacred）这个词来描述安全角，是因为成人需要对安全角有足够的信任和尊重，才能让安全角顺利地实现它的各项功能（Bailey，2011）。安全角不应用来将儿童排除在家庭活动或者课堂活动之外，比如让孩子回自己的卧室反省或者用作学校的"停课"惩罚场所。安全角应该像是学校里设置的可以让学生学习磁力的科学角，或者家里可以让孩子学习烹煮食物的厨房。

安全角应包含：

- 舒适的座位（豆袋椅、座椅、软抱枕）；
- 在醒目的位置展示**主动让自己平静的图标**；儿童需要一些视觉提示，这样可以帮助他们完成每一步骤的自我情绪调节过程（见图5-4）；

图5-4 主动平静心态的图标（示例）

- 无论你是使用"心情娃娃"自我情绪调节工具包，还是自行创作了情绪识别玩偶，你都需要把它们介绍给孩子，并且将其放入安全角，这样可以让儿童独立使用它们，在儿童帮助

"心情娃娃"调节情绪的同时，他们也在调节自己的情绪；
- 选择：自控板（self-control board）可以提供个性化的选择，从而帮助儿童学会如何调整和改变自己的情绪；自控板上提供的各种活动包括"我爱你"仪式联结活动、四种主动平静心态的方法，以及反思活动，如写日记（见图5-5）；

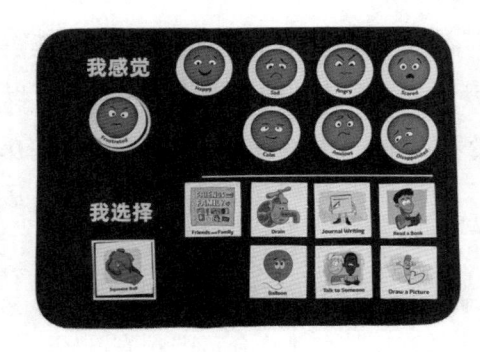

图 5-5　自控板

- 您需要在安全角内放入**课堂或家庭图书**以及儿童读物，帮助儿童完成自我情绪调节五步法的过程；
- 使用**画报**。负责自我情绪调节的大脑右半球非常偏好图像信息。因此，您必须通过醒目的画报展示自我情绪调节五步法。

您可能还需要通过图片方式展示孩子们进行情绪调节五步法的过程。例如，"平静"图片可以展示一个儿童在示范如何使用"开心麻花"技巧。

此外，您还可以通过阅读《智慧自律：儿童自我管理的7个技能》更加深入地了解这些内容。

自我情绪调节五步法的过程

接下来，我们将更加深入详细地探讨自我情绪调节五步法，利用以儿童为中心的示例阐释在实践中如何运用每个步骤。你会发现某些步骤按照教育模式（安全角、教学时机）进行了划分，这样做是十分有益的。尽管这五个步骤都是按照线性顺序排列的，但是在实际运用过程中它们并不是固定的，而是循环的。练习得越多，你在运用时就会越得心应手。

I Am 第1步：触发情绪

引爆情绪。到目前为止，我们已经非常熟悉"情绪爆发"这个概念了。在儿童处于情绪激动状态时，我们的第一反应既可能加剧也可能缓解儿童内心的不安。要想帮助儿童认识引爆他们情绪的"导火索"，成人需要做到下面四点。

1. 时刻保持警觉并且愿意调整我们自己的情绪状态。
2. 观察和了解常见的情绪导火索，以及某个儿童或某个群体的儿童特有的情绪导火索。
3. 仔细观察儿童在情绪激动时是通过何种方式让自己平静下来的。有人会跑开，有人会藏到水槽下面，有人会玩弄自己的头发，还有人会勃然大怒。
4. 教导儿童认识引爆他们情绪的导火索，并且到安全角调整自己的情绪状态。

> 有些儿童的情绪会变得过度激动，他们的情绪爆发往往来得非常迅速，并且持续的时间较长。请回想你生活中的某些情景，当你正强忍着内心的恼火，却看到客厅地板上扔着一只袜子，你瞬间就完全爆发了。有些儿童生活在压抑的环境中，他们始终处于情绪受压制的状态下。哪怕他们的情绪上有稍许不适，他们也无法应对，并且很容易情绪爆发。这些孩子需要我们付出额外的关爱和努力。尤其是，我们必须要记得深呼吸，并且让自己保持平静的心态，这样我们才能帮助那些易怒的孩子平稳地面对他们的情绪导火索，并且完成他们迫切需要的自我情绪调节过程。

其实，在一个托幼中心的教室里聚集了12个两三岁的孩子本身就是触发情绪问题的潜在因素。一个孩子踩到了另一个孩子、抢了另一个孩子的玩具，或者因为巨大的吵闹声而不知所措，这些情形必定会发生。我们要做的是充分了解这些孩子们，并且从他们的角度看待周围发生的一切。我出生时有中轻度的感觉统合问题。衬衣上的标签会让我发狂。我宁可死也不愿光着脚在泥水里行走。作为一个小孩子，皮肤的任何刺痒都会让我痛苦不堪，这也是为什么我拒绝跳芭蕾舞，也不能穿芭蕾舞短裙。随着一天天长大，我会毫不避讳地讲出自己的烦恼，因此这些都不是什么秘密。但是妈妈似乎从来都不理解我，她经常会给我买一些带蕾丝边的衣服，并且因为我抱怨刺痒而对我叨叨个没完。我只穿某些特定类型的衣服，大多都是柔软的纯棉材质的衣服。家里有很多干净的衣服，但我总是翻来覆去地穿同一件，妈妈因此经常对我发脾气。她从来都没能从我的角度看待这个问题。她始终坚持认为事物都是包罗万象的，因此她理所当然地认为我也应该有多种不同的穿衣风格。

深入了解儿童以及他们的情绪导火索要求我们抛弃"事物应该如何"这种想法以及自己无法理解的现象，然后用心去观察我们的孩子。我们必须停止评判，这样才能从儿童的角度看待问题。你需要注意观察当你回应儿童的情绪时他们的反应。仔细观察儿童通过语言、肢体动作以及其他方式表现出来的细微线索。如果儿童的身体开始放松，目光变得柔和，声音回归正常，这表示你的应对方式是有益的。如果儿童的身体开始变得紧张，表情僵硬，语调升高，此时你就应该认识到你的做法是错误的。

我认识一些成人，他们坚持通过反复说教和作出预测的方式"帮助"那些青春期的孩子。（"如果你一直这样，你永远也考不上大学。"）如果他们能够花点心思观察一下这些孩子，就能发现他们所谓的"帮助"实际上只是让这些孩子更深地陷入"战斗还是逃跑"的生存状态。他们只会看到这些孩子不断地退缩或者肆意发泄自己的情绪。作为局外人，我们能够轻易识别这些引爆情绪的"导火索"，但是家长们却"不识庐山真面目，只缘身在此山中。"我们必须让大脑的高级神经中枢处于活跃状态，只有这样才能观察他人的行为。在情绪被引爆的状态下，我们只能看到自己的评判和偏见。

幼童阿里在控制自己的冲动方面遇到了很多的问题。"心情娃娃"课程的联合创始人雷蒂·瓦莱罗（Lety Valero）是阿里所在的伊顿学校（Eton School）的校长。她注意到阿里会本能地到计算机前平静自己内心的怒火。她从阿里的母亲那里得知，他在家时会通过长时间看电视的方式让自己饱受折磨的神经系统平息下来。瓦莱罗老师帮助阿里的方法是为他录制一段影片，这样他就可以在安全角观看这段影片。在看影片时，阿里会自言自语，并且作出自我情绪调节所需的每一步。阿里到了安全角后，他会观看这段影片，摸索着完成每个步骤，帮助自己成功地控制住愤怒。儿童在不断地向我们发出各种信息，以此告诉我们哪些做法对他来说是有帮助的。我们必须保持足够平静的心态和清醒的认知，这样才能听到他们传递出来的信息。

我们公司的一位同事伊丽莎白·蒙特罗·切法洛正在密切地观察一个有孤独症的幼童，看看他在经历强烈的情绪而不知所措时会做些什么。这个小男孩会走到洗手池前，不断地开关水龙头。这提醒了切法洛老师，于是她在安全角里增加了一个海洋瓶，帮助他学会用可以被普遍接受的方式调整自己的情绪。这个孩子会自己走到安全角，然后用海洋瓶平息自己过激的神经系统。这家学校还有一个有孤独症的孩子，她也给了这个孩子一个海洋瓶，帮助他恢复平静的心态，但是他会在教室里随意地丢弃这个海洋瓶。孩子们抚慰自己情绪的方法各不相同。我们必须观察每个儿童特定的方式。尽管孩子们的情绪"导火索"千奇百怪，但是有一些导火索是共通的。下文中列出了年幼的儿童的一些常见的情绪导火索。

营养和精力：当儿童感到饥饿、口渴、吃得太饱、出现肠道问题、疲惫、吃糖上瘾或感到困倦时，更容易产生情绪问题。

依恋：每个儿童都需要与他的照看者和教育者建立起互信的、和谐的人际关系。基因决定了儿童在感受到内心苦恼时，一定会向依恋对象寻求安全感。如果儿童在校期间未能建立起这种至关重要的情感纽带，当他们在进行某些典型的需要情感依恋的活动时，如午睡、进食、换尿片和上厕所，就会产生情绪上的问题。

惩罚和创伤：受到严厉惩罚或者遭受到心理创伤的儿童在发生类似的情景时会触发情绪问题。如果儿童经常挨打，那么哪怕身边的人做轻抬手臂这样简单的动作都可能引起他的强烈情绪波动。

攻击和伤害：遭受攻击的儿童经常会出现剧烈的情绪问题。不论这种冒犯行为是肢体上的（打、抓），语言上的（骂），或者社会交往方面的（"我们不和你玩"），都会触发剧烈的情绪波动。

不可预测性：儿童需要可预测的、前后一致的环境才能让唤醒系统理想地发育成长。大脑会不遗余力地寻找各种模式来实现这个目标。当我们找到某一种模式后，我们的各种系统就会放松下来。如果无法找到适合的模式，这些系统就会保持高度的警觉。对于很多儿童而言，缺乏显而易见的可预测性或许是引起情绪问题的罪魁祸首。

认可和承认：儿童为了生存会试图和成人建立良好的人际关系。成人经常会利用儿童天生的取悦成人的想法来操纵他们的行为，以此管教儿童。一些说法，如"瑞恩像这样坐着让我很开心"，就能完美地诠释这种微妙的操纵。对于某些儿童而言，感到自己让成人失望就可能成为触发他情绪的"导火索"。儿童还需要成人认可他们当前的经历。成人告诉儿童应该怎么想也可能成为触发情绪的导火索（"她是你的朋友，你和她很要好。抱她一下吧。"）

归属感：我们需要感受到：我们生活在这个世界上是有意义的；我们属于一个更大的集体；我们的行为可以帮助他人；我们乐于助人。声色俱厉地将儿童从某个集体排除（"回你自己的房间去"）、竞争性的班级文化（"哪一桌先坐好就会……"）、使用外部奖励（"如果你表现良好，你就会得到……"），以及抛弃某位成员（"如果我数到三你还没有准备好，我们就把你留在这里"）这些做法都可能是引发情绪问题的导火索。

失败：随着儿童长大成熟，他们逐渐从依赖他人转向拥有更加独立的技能组合。他们希望为自己和他人做点事情。无法拉开车门、无法解开谜题或者无法完成一幅画则可能成为引发他们情绪问题的导火索。

感官：很多儿童无论是否患有感觉统合失调（sensory integration dysfunction，SID）都有可能因为感官而触发强烈的情绪。喧杂的课堂、不佳的照明、劣质的食品、糟糕的触感，或者视觉冲击过于强烈的图像都可能成为引发情绪问题的导火索。对我个人而言，衣服的面料可能会过度激发我的各种感官系统。一些经过专业培训的职业治疗师和（或）理疗师则可以帮助你应对这些问题（Kranowitz，1998）。

行为约束：对于某些儿童而言，坐在地板上一动不动地抹苹果酱需要他们集中全部注意力和精力，因此他们也就无法在团体活动时间"学习"任何事物。理疗师和（或）职业治疗师可以帮助你应对这些情绪导火索。

语言：大多数儿童尚未具备应对群体事件（如出游和托幼中心发生的各种事件）所需的语言技能。我们必须教他们学习一些社交和沟通技巧，这样他们才能恰当地建立与朋友的边界，并且通过可被社会接受的方式满足自己的需要。此外，某些儿童可能存在语言发展障碍，这就要求成人给予细心的观察和适时的调整适应，从而帮助他们取得成功。语言治疗师可以帮助你应对这些情绪导火索。

环境要求：以教授课堂知识的名义从早教班的课堂中移除某些游戏性和社会情感性的设施会对儿童和教师产生巨大的情绪压力。对于很多儿童而言，这种早教班可能会引起他们情绪上的不适。此外，家长经常认为，自己的孩子必须参加一些具有固定规则的运动，这样才能让他们赢在起跑线上。如果儿童年龄太小，缺乏充足的自由玩耍时间，取而代之的是需要死记硬背的学习任务，这种情形可能对儿童造成巨大的情绪压力，引起儿童的情绪波动。

请花一点时间想一想哪些儿童在管理自身情绪方面有困难。这些儿童在学校被贴上了"不守纪律"的标签，在家里则被贴上"不听管教"的标签，这是因为他们只会发泄情绪，而不能很好地管理情绪。现在，请想一想哪些事物可能会引起儿童的愤怒、伤心或者恐惧。

请记住，发泄情绪可能表现为打人、推挤、骂人和扔东西。请完成表 5-1。

表 5-1　儿童的情绪机制

儿童	情绪导火索	产生的情绪
1.		
2.		
3.		

　　如果你想出的答案不超过两个，请更加用心地观察一下孩子们。抛开你的评判，管理自己的情绪，并且在一整天的时间里细心地观察他（她）的行为。哪些事物会触发儿童的情绪，他们会采取哪些方式管理这些情绪的导火索（躲藏、喊叫、打人、哭喊等）？

　　了解儿童的情绪导火索可以让成人通过下列一种或多种途径提高儿童取得成功的概率。

　　1. 改变环境促进儿童取得成功。在学校里，当进行团体活动时，你可以让一个在情绪调节方面有困难的儿童坐在你的正对面，并且安排一名助手坐在他的旁边。在家中，你可以在就餐时以及辅导作业时让孩子坐在你的正对面。相对而坐可以让你有更多的机会观察到儿童所有的语言以及肢体信号。但现实中，我们让孩子坐在旁边，目的只是"控制"他们,而不是观察和引导他们。

让存在注意力不集中或者情绪调节问题的儿童和一名能够在这些方面提供指导和示范的儿童组成学习搭档。但现实中,我们经常用停课(回家)的方式将儿童排除在课堂(学校)活动之外,或者将他们赶出教室(学校)。

你可以为各种场景下期望的行为制作一些醒目的图片。但现实中,我们经常会使用言语发布命令、施加威胁和给出提示。自我情绪调节是大脑的右半球所负责的,它需要利用图像帮助儿童取得成功。你可以设置一些醒目的界限,用于标示个人空间。在学校里,教师经常会使用方毯、椅子,甚至洗衣篮帮助儿童明白哪些区域是属于他们的。在家中,父母需要在午餐时为孩子们设置专属的座位、餐垫以及其他明确的空间边界,而不是一味地命令兄弟姐妹们共用一处空间。但现实中的很多时候,只要孩子们不会干扰到其他人,我们就会放任他们为所欲为,而不是通过构建良好的环境促进他们取得成功。你可以在一天的不同时间为孩子们提供进餐的机会。但现实中,我们经常命令孩子们按照我们规定的时间表进餐,完全无视他们特有的生活经历以及他们是不是感到饿了。

在学校里,你可以经常改变班级的时间表,以适应各种规模的小组活动、不同时长的课间休息、放松时间以及对注意力有不同要求程度的活动。在家中,你可以为孩子提供室内和室外活动时间,让孩子们在放学后以及做作业前可以自由活动。但现实中,我们经常会通过命令要求孩子们集中注意力，而不是时刻留意他们大脑的活跃度并且合理地规划一天的时间。

2. 改变对儿童行为的回应方式。请仔细观察你回应儿童行为的方式会导致情况更加糟糕（情绪升级）还是更好（情绪降级）。

请记住，一定要使用主动平静心态的方法，以及做个"微笑星"，从无意识的反应转变为让彼此和谐的应对方式。

请充分运用你的智慧和本书中提到的自我情绪调节五步法。

3. 教会孩子用可以被社会接受的方式满足自己的需求。不要试图制止某个你不希望看到的行为（"班规规定了不许打人"），而是要转变他们的行为（"当你想要轮到你玩具时，可以拍拍他的肩膀，伸出手然后对他说：'可以让我玩玩吗？'"）

4. 热心地帮助儿童运用主动平静心态的方法，以及通过解决问题应对超出他们控制能力范围的状况。"这确实不好受，你希望你的朋友永远和你在同一所学校上学，朋友转学时你会非常难过。继续深呼吸，你可以很好地控制一下自己。我们可以想办法让你给他写一条留言，这样你可以在他在新家安顿下来后马上和他取得联系。"

5. 帮助、辅导和鼓励儿童去安全角学习和练习自我情绪调节五步法（见图 5–6）。

图 5-6　帮助儿童进行自我情绪调节

I Calm　第 2 步：积极暂停

深呼吸和观察。主动平静心态、观察以及用平和的心态感染他人是成人必备的的三种技能，它们可以帮助儿童认识和管理自己的情绪。这些技能都是构成智慧自律和自我情绪调节五步法的基本要素。这些技能可以让无意识的情绪逐渐显现，让我们的意识从大脑的低级神经中枢上升到高级神经中枢，使我们作出恰当的选择，学习新的知识和技能，并拥有良好的调整和适应能力。

儿童主动平静心态的方法

这些主动保持平静心态的技巧可以让我们释放面临情绪压力时的应激反应。你必须在儿童内心平静时教授他们这些方法，这样他们才能掌握这些技巧，并在内心感到不安时加以运用。下面四种智慧自律技巧都是必须掌握的。

"微笑星"（S.T.A.R.）：深呼吸三次可以关闭身体中的"战斗或逃跑"反应。在情绪被触发后，仅仅是微笑这样一个简单的动作就能逐步改变我们的内在状态。有时候，对于孩子们来说，在教学过程中微笑星还可以指停止（Stop）、深呼吸（Take a deep breath）和（And）放松（Relax）（见图 5-7）。

图 5-7　"微笑星"

"水龙头"：向前伸出双臂，尽可能绷紧手臂、肩膀和面部的肌肉。慢慢呼气，发出"嘶嘶"的声音，释放绷紧的肌肉和累积的压力（见图 5-8）。

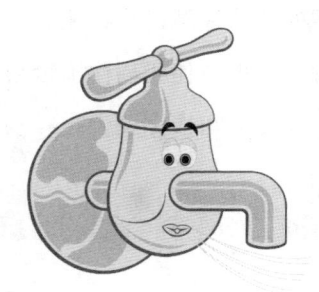

图 5-8　"水龙头"

"气球"：双手放在头顶，十指交叉，随着吸气的同时逐渐让双手离开头顶并继续抬高。在抬高双臂的同时屏住鼻腔的呼吸，想象你正在吹一个气球。缓慢地呼气，嘴唇振动，释放掉气球内的空气，同时手臂下垂，发出"噗噗"声（见图 5-9）。

图 5-9 "气球"

"开心麻花"：站立或者坐立，右脚脚踝搭在左脚脚踝上。双手向前伸出，右手在上，双手交叉。转动双手，使拇指向下。手掌合拢，十指相扣。双肘向外弯曲，慢慢将双手由下方转向身体一侧，直至双手抵住下巴。舌头顶住上颚。保持此姿势，放松并吸气（见图 5-10）。

图 5-10 "开心麻花"

你在放松警觉状态下练习这些主动平静心态的技巧越多，当你的情绪被触发时你使用它们的可能性就越高。在学校里，在每次场景转换后，无论教室内是否吵闹或者乱作一团，你都可以让儿童选择一种呼吸方法进行练习。在家时，当孩子忙碌地准备上学时，开始做作业前，以及在就餐时，你同样都可以让孩子选择一种呼吸方法进行练习。

主动用平静的心态感染他人

情绪是可以传染的，大脑的镜像神经元系统（mirror neuron system）就是一个很好的证明。镜像神经元系统让我们可以观察到他人面部表情所表达的情绪，并且立即在我们身体内感受到这种情绪。这使得情绪交流成为可能，同时，这也是个体建立共情能力的基础（Iacoboni，2008）。我们都曾经有过这样的经历：我们走进办公室，发现每个人都面带愁容。在这种情绪环境下，你会在多长时间后开始抱怨，并且自己也感受到这种痛苦？但是当我们意识到这种情形时，我们就可以利用它让气氛变得更加积极。如果成人在工作中或者与孩子相处时维持平静的心态，那么他们就能用这种心态去感染孩子们。专注于深呼吸和祝愿可以让自己的内在状态变得更加平和，然后通过目光交流将这种状态传递给不安的孩子们。我们不能被孩子们的不安情绪感染，而是要用我们平和的心态去感染他们。

观察

正如本书从始至终强调的那样，情绪是一种生物学现象，并且会产生一整套普遍适用的信号。这些信号包括表情变化、语音语调变化、行为冲动、身体姿态、呼吸变化、出汗以及心跳加快。智慧自律认为，观察就是指描述这些信号的能力。在观察一个儿童时，成人会描述儿童的躯体、四肢以及面部出现的现象，其目的是让儿童有意识地认知自己特定的情绪状态。本书第3章通过大量的篇幅对此进行了讨论和论证。

第 5 章 儿童的历程：帮助孩子实现自我情绪调节

> 针对有意识的观察开展的研究就是所谓的正念（mindfulness）。正念指用开放、接纳的心态关注和察觉当前发生的一切（Black，2011）。正念使我们可以成为自己和他人的思想、感受以及行为的观察者。

观察所使用的基本表述方式是："你的 ＿＿＿＿ 就像这样"，同时伴随肢体动作模仿儿童的行为。"你的嘴巴就像这样。""你的脸就像这样。"我们要做的是抱持着平和、友善的心态模仿儿童的身体特征。哪怕表现出一点点嘲讽的迹象也会将整个观察过程破坏殆尽。观察必须始于你的内心。

观察会克制我们作出评判的想法，同时刺激儿童大脑的高级神经中枢，让它重新活跃起来。在我们出于帮助而非评判的目的模仿儿童的身体状态，并将其反馈给儿童时，儿童会自然而然地产生一种看向我们的想法。一旦我们重新开始与儿童进行目光交流，我们就可以重建与儿童的联结。深呼吸，并用自己平静的心态去感染他们。

肖恩想从网上下载一些未经审查的音乐。父亲看到后，大声地训诫他，命令他不能听这些音乐！肖恩马上把头摇得像拨浪鼓一样，双手紧紧地抱在胸前，嘴唇紧闭。父亲注意到了他语气中夹带的愤怒，以及肖恩作出的反应，他开始深呼吸，让自己平静下来并保持专注。肖恩转过脸去，对父亲的行为无动于衷。父亲继续深呼吸，并且详细地观察和描述了肖恩的反应。

"你生气的时候就像这样（模仿动作）。我可以理解你，当你非

161

常想要一样东西时，心里肯定很难受。你抱紧双臂，指关节都泛白了，就像这样（模仿动作）。"

当肖恩扭过脸来看父亲在做什么时，他们四目交汇。在这个重要的时刻，父亲深深地吸了一口气，然后慢慢地呼出来。镜像神经元的存在使肖恩也不自觉地深呼吸了一次。呼吸所带来的暂停让肖恩可以克服他的情绪导火索，并且与父亲保持良好的联结，因此他们可以解决当前的问题。

在上面这个情景中，肖恩的父亲使用了呼吸技巧让自己平静下来，并且通过镜像神经元加速了自我情绪调节的过程。他还利用了观察描述和用平和的心态感染他人这两种关键技能。我们也可以在学校的操场上使用这些技能。

特里想玩一会儿秋千。米盖尔说："不行。"特里紧握双拳，不情愿地嘟起了嘴，两条眉毛紧紧地皱在一起。乔治老师看到了整个过程。他有意识地让自己平静下来，然后走到了特里面前。

乔治老师说："你的手就像这样（模仿动作）。你的脸就像这样（模仿表情）。"

特里看了看乔治老师。趁着这个机会，乔治老师深呼吸了一口气，特里也不由自主地开始深呼吸。在成功用自己平和的心态感染了特里后，乔治老师紧接着说："你看起来很生气。你想要玩一会儿秋千。但是米盖尔说不行，你不知道该怎么做。你去告诉米盖尔'等你不玩了，我想玩会秋千。'"

特里对米盖尔说了，但是米盖尔把头转向一边，继续荡秋千。乔治老师继续说："你的身体就像这样（模仿动作），你像这样把头转向一边（模仿动作）。"米盖尔看了看乔治老师，乔治老师马上用平和的心态感染了他，并且对他说："你的身体告诉我，当你玩得正开心时，把秋千让给别人玩让你感到很难过。我来定一个时间，等闹铃响了以后，让特里玩一会。你可以做到的，米盖尔。你可能感到有点失望，但是你可以很好地应对它。"

> 观察有助于儿童认识情绪的各种面部表情以及非言语信号。在儿童学会读懂朋友表情的含义并且发展出共情能力的过程中，观察可以提高儿童的情感素养。

在某些情绪非常激烈的情景下，成人的深呼吸和观察可能不足以帮助极度苦恼的儿童顺利度过这段情绪。这时，较好的做法是让全班学生一起深呼吸。一次，在走访一家得克萨斯州的班级时，一年级一个名叫蕾妮的孩子情绪彻底崩溃了，因为她没能在规定的时间内完成自己的作业。老师的努力还不足以帮助她克服自己强烈的愤怒。这位教师非常明智地请学校大家庭的所有成员一起帮助蕾妮开始调节自己的情绪。

"孩子们，蕾妮现在遇到了一些困难。我们一起深呼吸三次，帮帮她吧。"这样可以将儿童关注的焦点从我们不希望看到的情形（情绪爆发）转变为我们希望看到的情形（心态平静），同时让学校大家庭的每个成员都能主动帮助其他成员。教师让全班学生将手放在胸口，深呼吸，然后为蕾妮送上祝愿。这些行为极大地提高了蕾妮从强烈的情绪中恢复过来的可能性，这样她就可以继续完成自我情绪调节过程。

> 学校大家庭（The School Family）是智慧自律中的一个术语，用于描述学生在班集体里互帮互助，亲密无间。

马利克有一些感统问题。打扫卫生时，一个孩子撞倒了两个女生搭建的积木，她们吓了一跳，然后开始放声尖叫。吵闹声和眼前发生的一切让马利克的情绪失控了，他躺在地上，用脚乱踢，同时还大声地尖叫。老师走到马利克面前，观察并描述了他的肢体动作。她的描述让马利克的脾气更大了。老师深呼吸了几次后说："马利克，和我一起深呼吸。你很安全。"这种做法似乎也无济于事。她请班里的学生一起帮助马利克。"孩子们，马利克现在非常难过。我们一起做一个'微笑星'来帮助他。"她带着孩子们一起完成了三次"微笑星"深呼吸，并且默默地为他送上祝愿。祝愿结束后，马利克终于振作了一些，他站起身，用眼睛打量着其他人。老师借此机会用自己平静的心态感染他，然后温柔地引导他来到班级的安全角，在那里他们一起继续利用呼吸技巧让心情平静下来。

情绪爆发和积极暂停：目标

在我们辅导儿童完成自我情绪调节的前两个步骤中，我们要时刻铭记下列目标。

- 帮助儿童在情绪被触发时认识自己的情绪。
- 帮助儿童认识到他们被困在了情绪爆发状态。
- 帮助儿童学会在感觉自己的情绪被触发时主动来到安全角。
- 帮助儿童学会通过呼吸法主动让自己平静下来。

I Feel　第3步：识别情绪

说出感受。在这一步成人可以识别出儿童所释放的信号并且使用简单且富有同理心和丰富信息（不加评判）的语言准确地说出儿童的感受。我们在儿童经历情绪困扰时对他们所使用的语言将融入他们的内在语言以及自我调节系统。要是我每次听到自己对自己说"贝基，你在想什么呢？别犯傻！"时都能得到一分钱，我现在恐怕早已腰缠万贯了。童年时期从成人那里听到的话并没有让5岁的我内心平静下来，直至今日这些话依然无法在55岁的我身上奏效。"感受"这一阶段所使用的语言对于帮助儿童建立起有益的内在语言和自制力来说是不可或缺的。

就像孩子会学着你说话的样子在内心与自己对话一样，他也会使用你所传授的这些有益的辅导语言来帮助他的"心情娃娃"。儿童在教给娃娃们技能的同时会再次强化我们教给他们的技能。这是一个双赢的自控循环。

在恰当的教育时机和在安全角帮助儿童准确地说出自己的感受似乎略有不同，因此接下来我们将分别深入地对二者进行探讨。

识别情绪：恰当的教育时机

无论成人还是儿童，情绪的波动随时都可能发生。成人要做的是保护儿童在身体、情绪和社会层面的安全；儿童要做的是协助成人保持班级、家庭，以及在乘车过程中的安全（Bailey，2000）。为了成功地完成各自的任务，成人和儿童都必须有效地管理好自己的情绪。这种情绪管理是非常有必要的，因为它是连接问题和解决方案的桥梁。在冲突出现后，成人必须首先解决自己的情绪问题，然后解决行为问题。我在本书中不断地重复这句话，正是因为它非常重要。如果不能首先解决情绪问题，我们最终将以牺牲人际关系的方式换来明确的行为界限。随着与他人的关系变得越来越差而不是越来越好，儿童解决问题的意愿也开始消散，最终剩下的只是权力的争斗。

在识别情绪这一步，成人可以识别出情绪的信号，并且按照第3章所描述的"描述"法（描述、命名、确认）准确地说出这种感受。

描述："你的脸就像这样。"

命名："你看起来有点 _____ ？"（在横线上填写一个形容情绪的词汇，然后用问句的语调把它说出来。）

确认：如果你没有看到事情的经过，你可以问："发生什么事了吗？"如果你亲眼看到了事情的经过，你可以尽可能地猜测这个儿童的想法，你可以说："你希望 _____ 。"

活动 4

请补充下列空白处的内容，练习如何帮助儿童应对烦恼的情绪状态。

场景 1：愤怒

场景说明：有人抢先坐在了老师的旁边。

"你的 _____ 就像这样。你的 _____ 就像这样。"

等待和对方目光接触，然后用自己平静的心态感染对方。

"和我一起深呼吸。"

"你看起来 _____。你希望 _____。"

"这确实很让人难过。你希望 _____。"

"你有一个选择。你可以坐在老师的对面，这样我们就能看到彼此，或者你也可以坐在泰特旁边。你选哪个？深呼吸，你可以的。"

场景 2：伤心

场景说明：她的小猫死了。

"你的 _____ 就像这样。你的 _____ 就像这样。"

"你看起来 _____。你希望 _____。"

"这确实很让人难过。我们会一起渡过难关。"

但愿你已经初步认识到了使用第 3 章中学到的"描述"句式带来的益处，并且能在儿童出现情绪不安时使用这些"描述"句式。

识别情绪：安全角

儿童到达安全角时，他们通常处于情绪激动的状态。他们首先要开始自我情绪调节过程中的识别情绪环节。经过几次深呼吸或者其他平静心态的做法后，儿童会选择最能反映出他们感受的"心情娃娃"或者其他情绪认知玩偶（见图5-11），然后成人就能教导儿童帮助"心情娃娃"调节它的情绪。这样做的目的是你能够教授儿童掌握自我情绪调节技能，然后儿童就能够教授"心情娃娃"同样的技能。

教儿童使用与教学时机中相同的语言帮助"心情娃娃"调整其自身的情绪。例如，在教授应对伤心的技能时，你可以鼓励儿童对"心情娃娃"说出下列语句：

"你好，伤心娃娃。"

"欢迎你，伤心娃娃。"

"你的眼睛就像这样。"（模仿娃娃）

"你的嘴巴就像这样。"（模仿娃娃）

"你看起来很伤心。"（哽咽然后安慰娃娃）

"和我一起深呼吸，伤心娃娃。"（教娃娃如何深呼吸）

"你可以的。"（拥抱并且安慰娃娃）

"你很安全！"

图 5-11　儿童在安全角

用这种方式教授一些句式和技能最初可能会让你感到些许的尴尬，但是当你看到孩子们脸上的表情以及随之而来的轻松感后，你会发现这一切都是值得的，它改变了我们的生活。

识别情绪：目标

在辅导儿童完成自我情绪调节中识别情绪这一步时，请务必牢记下列目标。

- 儿童能够真正理解和吸收我们在应对儿童情绪问题时，尤其是在教学时机中使用的语言。这些语言将在儿童此后的生活中成为他们的内在语言，并构成他们的自我情绪调节系统。

- 儿童在"心情娃娃"身上使用与我们相同的辅导句式，从而再次强化他们的内在语言。

Ⓘ Choose　第 4 步：调节情绪

接纳和改变。如果我们能够识别和准确说出自己的感受，就不太可能沉溺于这种感受或者因为这种感受而大发雷霆。切记，情绪是连接问题和解决方案的桥梁，我们的目标不是到了桥上站着不动而是从问题出发，跨越桥梁，解决问题。

仅仅说出这种感受是不够的，我们必须完全地拥抱这种情绪。识别一种感受然后对自己说："你不应该这样想。"这种做法只会阻碍我们变得智慧。相反，我们必须用开放的心态拥抱并直面这种感受。此外，我们必须主动让这种感受存在尽可能长的时间，虽然这种做法对很多人来说非常可怕。有趣的是，只有先接纳事物的存在，我们才能让它离开。

《倾听你的感受》（*Listen to Your Feelings*）音乐专辑中有一首《你好歌》（*Hello Song*），歌中唱道："如果你愿意，请站在我身边。"要想这样做，我们必须接纳现实，并且放弃自己的执念。接纳让我们有力量去拥抱和调整自己的感受，让自己的内心回归平静和快乐，于是我们才能从不同的角度观察问题。这会让我们自动从一个更加积极的角度重新认识和理解当前的状况。我们可以从"我不希望……"转变到"我希望……"上来，从而更多地关注解决问题的方法。

在调节情绪这一步，成人首先要回应儿童的情绪中隐含的信息，然后解决当前状况下的行为需求。我们必须理解和契合（attune）这些信息，这样才能对儿童的情绪作出恰当的回应。这种契合要求我们理解儿童的内心世界，并且展示和反馈给他们，这样他们才能更加深刻地认识自己。第 3 章还介绍了一些常见的信息，我们在此重温一下。

愤怒和沮丧所传递的信息是"某个人或者某个事物给我造成了阻碍"。如果一个儿童将另一个儿童从椅子上推开，你应该首先解决这种情感问题，而不是对他说："这样好吗？我们的班规是怎么规定的？"

"你想要用一用电脑，但是不知道该怎么说。如果你希望艾琳让给你用一用，你可以拍拍她的肩膀，叫出她的名字并对她说'艾琳，我想用一下电脑。'"

害怕和焦虑传递出的信息是威胁。如果一个儿童因为作业而感到焦虑，你需要首先解决这种焦虑感，而不是对他说："抓紧吧。没多少时间了。"

"你很安全。深呼吸。还有 20 分钟。保持呼吸。如果你需要帮助，可以像这样举手示意。"

伤心和失望所传递的信息是失去。当一个儿童因为朋友迁居其他城市而伤心难过时，你需要解决这种"失去"的内心痛苦，而不是对他说："没关系。你们可以互相写信啊。你还会交到新的好朋友。"

"失去一个朋友让你非常难过。我会在身边陪着你。你想哭就哭出来吧。我们会一起渡过难关。虽然心里会很难过，但是你可以挺过去的。"

快乐和平静传递出来的信息是给予和分享。当一个儿童因为看到一只蜥蜴而兴奋不已时，你需要先直面这种情绪，而不是对他说："不许把那东西拿进屋子！发现了它你虽然会很开心，但是你却快把它吓死了。快把它拿出去。"

"太神奇了！快给我说说是怎么回事。我们一起保护它。"

正如我们在第 1 章中所述并且不断重复的那样，自我情绪调节五步法的一个基础原理是"赠人玫瑰，手有余香"。如果我们给予他人的是评判，我们内心中也会感到自己不够好；如果我们给予的是爱和接纳，我们就会感觉很好而且充满自信，在自己的生活中勇往直前。正如我在本书中所写那样，我不断增强自己的情感健康。在向儿童传授这些技巧时，你也在强化你自己的技能。在儿童与"心情娃娃"互动的过程中，他们自身也会学习接纳和拥抱自己的情绪。

调节情绪：恰当的教育时机

积极意图（positive intent）指始终从好的角度看待他人，看到他人的优点。我们的目光要超越行为本身，看到儿童的本质，认识到他们正在付出自己最大的努力。使用积极意图是一种选择，也是一种爱的行为。当别人在言行举止方面和你有共同点时，我们很容易看到他人的优点。但是一旦他人的行为不当，甚至无礼或者充满冒犯时，仍然能做到这一点就很难了。如果我们希望孩子们摆脱困境、努力解决问题，那我们必须用积极意图看待他们。

积极意图要求我们向儿童反馈我们认为他的真实需求是什么，而不是他当前正在做什么。我们必须发自内心地透过那些负面行为看到他们真正的需求，无论这种需求是归属感、施加影响力、乐趣、自由或者生存。一旦我们明确了儿童想要得到什么，我们就可以设置行为的边界或者提供另一种解决方法。

路易斯想坐在老师旁边。他听到团体活动开始的信号后就马上跑出房间，把安布尔从老师身边推开，然后扑通一下坐在了老师的身边。此时，老师面临着一个选择。她可以强调班里的规定（不许跑、不许推人）也可以强调路易斯对安布尔造成的伤害（"看看你让安布尔多么难过！你希望别人也这样对待你吗？"）她可以在路易斯身上运用积极意图，构建一座连接问题和解决方案的桥梁（"你希望坐在我的旁边，所以你跑出房间并且推开了安布尔。你不可以乱跑或者推挤你的朋友，这样做很不安全。如果你想坐在我旁边，你要对安布尔说'请你让开一点好吗？'"）。

切记，一定要说出儿童内心的想法，以及表明哪些行为是可以被接受的。要想完成情绪从无意识的感觉到有意识的整合过程，我们必须专注于我们期望看到的情形，而不是我们不愿看到的情形。

儿童："我不想坐在这儿。"

教师："你希望今天早晨你能选择自己喜欢的座位。"

儿童："我讨厌读书！"

教师："你看起来非常沮丧。你希望活动时间能够更长一些。"

儿童："你总是在针对我。你从来都不说艾玛！"

家长："你看起来有点沮丧。你希望咱俩今天能独处一会儿。"

儿童："咱们怎么又吃豆子？"

家长："你希望今天晚饭换一点花样。"

对于那些正在学习调节自身情绪的儿童或者在自我情绪调节方面有困难的儿童，我们必须反复告诉他们现在很安全。简单的几句宽慰的话，如"你很安全。和我一起深呼吸。你可以做到的。"就非常有帮助。如果不能从成人那里获得积极的反馈，孩子们就无法认识到他们正在经历的情绪烦恼也终会像坏天气一样过去。太阳会照常升起，每个心中有爱的成人都是照进他们生命的一缕阳光。

调节情绪：安全角

接纳的结果是整合，整合的结果是选择。在安全角，重要的是提供一些"可见"的选择帮助儿童充分平静自己的情绪和放松自己的身体，从而改变他们的情绪状态，从不安回归平静。这些选择要"因人制宜"，或者提供多种选项满足全班学生或所有兄弟姐妹的需要。你可以在安全角选择使用如下方法。

- 平静情绪的其他技巧（除"微笑星""水龙头""气球"和"开心麻花"外）。比如，兔子呼吸法或者眼镜蛇静坐法。

兔子呼吸法：举起一只手，竖起两根手指摆成"V"字，代表一只兔子。两根手指是兔子的耳朵，下面握紧的手是兔子的身体。吸吸鼻子，做三次短促的呼吸。在呼吸的同时，上下晃动兔子的耳朵。屏住呼吸3秒，然后缓慢地呼气，手从身上经过，表示兔子一蹦一跳地跑远了。兔子向前蹦时向外呼气（见图5-12）。

眼镜蛇静坐法：坐在椅子上，双腿分开，双手分别放在一侧的膝盖上。首先采取一个放松的姿势，吸气并同时让肩膀下垂和向前，然后呼气并同时向前和向上活动肩膀，向后弓背双眼目视天花板。尽可能舒展身体，吸气时默念三声，呼气时像眼镜蛇一样发出"嘶嘶"声（见图 5-13）。

- 与成人或娃娃联结互动的活动：怪怪霜、手指故事会、"一闪一闪亮晶晶"和"我爱你仪式"（Bailey，2000）。

手指故事会：你可以告诉孩子："现在是故事会时间。"他可能会以为你要给他读一本故事书。相反，你可以拉着他的手，给他讲一个你儿童时期的小成就、一些顾虑或事情（见图 5-14）。

图 5-12　兔子呼吸法

图 5-13　眼镜蛇静坐法

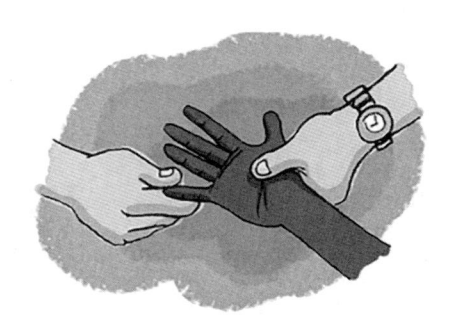

图 5-14 手指故事会

故事首先从小拇指开始，轻轻揉一揉小拇指并对它说："这个小指头想要学骑两轮自行车。"（所讲的故事要以你自己童年的经历为蓝本）然后换下一根手指，轻轻地按摩并且说："这个指头有点担心他会摔倒。"继续下一根手指："但是这个指头说'我没问题的。我就知道我可以的。'"到了食指，继续说："所以他决定一次又一次地尝试。"最后，揉一揉拇指兴奋地说："它学会了吗？它学会了吗？"然后把拇指放在儿童的手心，信心十足地说："没问题。所有手指都知道它可以骑得很好。"

一闪一闪亮晶晶

一闪一闪亮晶晶，
你是一个好娃娃！
明亮的眼睛，
美丽的脸颊，
从头到脚都是才华。
一闪一闪亮晶晶，
你是一个好娃娃！

177

- 反思活动：写一写、画一画、说一说。

> "我爱你"仪式以及其他联结互动活动是安全角非常重要的素材，也是每天分组活动时非常有益的活动。"我爱你"仪式活动可以提高儿童的积极性并且建立起学校大家庭，这样孩子们会更加主动地选择使用安全角而不是作出破坏行为。

调节情绪：目标

在辅导儿童完成自我情绪调节过程中的"调节情绪"步骤时，我们要时刻铭记下列目标。

- 接纳我们的情感可以让我们作出选择。给儿童提供一些选项帮助他们完成自我情绪调节过程，这对于帮助儿童将他们的内在状态从不安转向平静是至关重要的。

- 使用积极意图可以教会儿童对自己和他人运用积极意图，从全新的视角重新认知当前的状况。

- 进行联结互动活动。这些都有助于实现自我情绪调节，因为它们能够提高儿童的主动性和合作意愿，从而解决问题而不是退后一步指责他人。

在这一步，儿童能够讨论是哪些情形触发了他们的不安情绪。他们还能够听到来自成人的意见，并且更加深刻地认识当前的状况。这种意见是非常有益的，并且会引导儿童从容地进入解决问题环节。

Ⅰ Solve 第5步：解决问题

解决问题。到了最后一步，孩子们已经跨过了桥梁，并且为解决问题做好了准备。解决问题要求我们带着全新的视角、技能和意愿，重新回到触发情绪的场景。如果我们已经完成了前面四个步骤，我们离双赢地解决问题就只有一步之遥了。解决问题会不断地强化自我情绪调节能力以及与他人的联结互动。

如果我们在没有调整自身情绪的情况下贸然试图解决问题，是不可能找到一个双赢的解决方案的，我们只会陷入权力的争夺中或者只能治标不治本。双赢的解决方法通常包括以下几条。

- 场景重现，解决冲突。
- 你可以容忍和管理当前的情绪状态，接纳它。
- 学习新的技能。
- 利用可视化流程促进成功。
- 建立更强的联结。

场景重现，解决冲突

伊丽莎白和布雷克在操场上扭作一团，两个人都十分激动。平静下来后，他们愿意使用"时光机"地垫解决冲突。"时光机"（见图5-15）是班级里的一项设置，通过互相尊重、明确而坚定的沟通，它可以帮助成人和儿童将侵犯性的行为转变为人生课堂。它是早教中心的防欺凌计划的核心，也是在家庭中教育子女礼貌而坚定地表达自己的关键。"时光机"地垫上印有一些脚印，引导双方通过7个步骤解决冲突，教育他们明确而坚定地应对冒犯行为，并且还配有一些文字，使成人能够协助儿童完成这个过程。它为班级的全体成员都创造了一个教育机会，并且能够很好地解决兄弟姐妹之间的冲突问题。

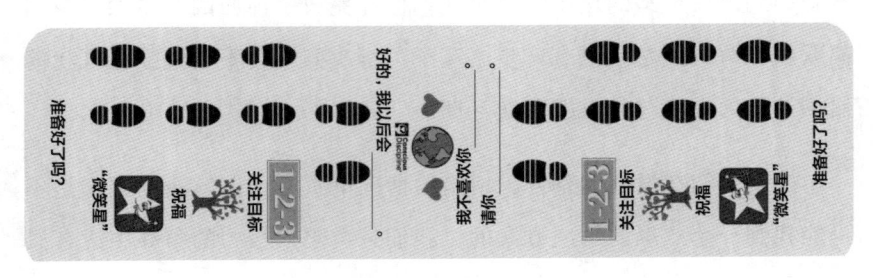

图 5-15 "时光机"地垫

接纳当前的情绪状态

我们通常并不会把管理自己的情绪看作一种解决方法，但是它的确蕴含着巨大的力量。在面对类似于父母离异或者宠物死亡的事件时，并没有可以信手拈来的解决方法。这些情形要求我们时刻保持警惕，很好地管理自己的情绪，让它尽可能地发挥积极作用。我的讲座的很多参与者都惊讶地发现，我经常在做演讲的时候开着手机。多年来，我一直在照顾着生病的父母，必须在出现任何紧急状况时保持通信畅通。我这样做是因为我能很好地控制手机随时可能响起所带来的焦虑感，以及手机真正响起时汹涌而来的情绪。我可以带着如影随形的恐惧感开设讲座。"心情娃娃"可以让在生活中正遭遇各种挫折的孩子们真正地渡过难关。"我很安全。保持呼吸。我能做到。"当这些话发自内心地说出口时，它们具有极其强大的力量。

学习新技能

斯特凡诺学会在被别人从饮水机前推开时大声地表达自己的感受。他会用明确而坚定的语气对同伴说："我不喜欢你这样推我。请站在我身后耐心等待。"一天，他明确而坚定地说出了自己的想法，但是达利斯充耳不闻。愤怒迅速涌上斯特凡诺的心头，但是他努力摆脱了这种困境，并且来到安全角。到了安全角，他在老师的指导下完成了自我情绪调节的各个步骤，并且学会了"求助他人"这个新技能。他和老师一致决定，如果对方不听，斯特凡诺会找到老师说："我需要帮助。我的朋友不愿听我的想法。"

利用可视化流程促进成功

泰雅总是忘记把要带回家的试卷放到书包里，也总是忘记第二天把它带回学校；她还经常因为忘记让家长签署同意书而失去户外活动的机会，为此懊恼不已；她还会为不能按时交作业而感到担忧。在这些情绪导火索的驱使下，她来到了安全角。完成自我情绪调节后，她和老师决定把在校期间每天的流程做成可视化的图片，并把这些可视化流程用胶带贴在了她的椅子上。老师鼓励泰雅每天放学时按照可视化流程上的内容检查一遍。她还为泰雅制作了一套在家中使用的可视化流程。

建立更强的联结

阿曼达每天到了休息时间和午餐时间都会哭闹。此外，她每天早上和妈妈告别的时候也极不情愿。洛夫奥老师意识到，这可能是依恋型情绪导火索的迹象。在指导阿曼达如何使用安全角调节自己的情绪后，她和阿曼达制订了一份她们认为有效的计划。首先，洛夫奥老师计划了一次家访，阿曼达会看到妈妈和洛夫奥老师交谈。其次，洛夫奥老师开始每天通过"我爱你仪式"与阿曼达互动。这种做法迅速在二人之间碰撞出了火花。最后，洛夫奥老师帮助阿曼达制作了一本家庭相册。不论何时，当阿曼达感到需要时，她就会拿出相册看一看里面的照片。

向前进

情绪在我们的成长过程中发挥了至关重要的作用。它让我们保持专注和警觉，并且积极主动地作出行动。情绪属于社会信号，它让我们彼此相互交流，将我们联系在一起。它就像连接问题和解决方案的桥梁。它会引导我们作出决定，无论这种决定是有意识的还是无意识的。表5-2总结了自我情绪调节五步法的过程、目标以及成人所使用的方法策略，从而让我们的情绪发挥最大的作用。

表5-2　自我情绪调节五步法

自我情绪调节五步法	目标	方法与策略
第1步： 触发情绪 **I** Am	• 情绪爆发状态 = 我迷失了自己。 • 帮助儿童认识触发他们情绪的导火索。 • 教儿童在爆发情绪问题时到安全角解决。	• 改变环境。 • 改变你的回应方式。 • 教儿童如何通过可被社会接受的方式满足自己的需求。 • 友爱、平静心态和解决问题："你很安全。和我一起深呼吸。" • 教儿童在爆发情绪问题时到安全角解决。

第 5 章　儿童的历程：帮助孩子实现自我情绪调节

续表

自我情绪调节五步法	目标	方法与策略
第2步： 积极暂停 **I** Calm	• 恢复平静的心态＝我重获新生。 • 主动保持平静：每天练习四种核心的呼吸方法。 • 通过目光交流用平静的心态感染他人。 • 观察：描述和模仿情绪所产生的面部表情信号以及肢体语言。	• "微笑星" • "水龙头" • "气球" • "开心麻花" • "你的眉毛就像这样（模仿）。"
第3步： 识别情绪 **I** Feel	• 首先解决情绪的信号和状态，然后改变行为。 • 帮助儿童教"心情娃娃"调节情绪。 • 把你的回应与这种感受常见的主题联系起来。 愤怒＝你非常想要但得不到。 害怕＝你感觉受到了威胁并且需要安全或保护。 伤心＝你失去了心爱物。我们会一起渡过难关。这确实很让人难过。 快乐＝你希望我陪在你身边。我们可以在一起，亲密无间。	• "你的脸就像这样。你看起来很生气。你希望她让开。你不知道该怎么说。去告诉吉尔'请你让一下'。" • "愤怒娃娃，你好。你的眼睛就像这样。你的嘴巴就像这样。"（模仿娃娃） • "你看起来很生气。"（轻抚和安慰娃娃） • "和我一起深呼吸，愤怒娃娃。"（教娃娃如何深呼吸） • "你可以做得很好！你很安全。"（拥抱和安慰娃娃） • "和我一起深呼吸。"（将娃娃抱在怀里一起深呼吸）
第4步： 调节情绪 **I** Choose	• 在面对冒犯行为时使用积极的意图看待当时的状况。 • 为全班以及个别学生设置合理的选项。这些选项要和你的观察结果联系起来。	• 使用"你想要"或"你希望"这样的句式和冒犯者沟通，并且教授新的技能。 • 在安全角内放入适当的道具，以供儿童使用呼吸法平静自己的心态时使用。纳入"我爱你"仪式以及"怪怪霜"。

183

续表

自我情绪调节 五步法	目标	方法与策略
	• 制作班级（家庭）手册，帮助孩子们看到健康的选项带来的积极后果。 当我感到生气，我选择： 微笑星　气球　水龙头　椒盐卷饼	• 用图片方式展示可接受的选项。 当我感到伤心，我选择： 联结游戏　微笑星　情绪乳液　和朋友在一起
第5步： 解决问题 **I Solve**	• 引导儿童发现双赢的解决方法。 • 合理设置场景帮助儿童解决冲突。 • 将解决方案与情绪导火索联系起来。	• 教授一个新的技能。使用可视化流程帮助儿童学习解决问题的步骤。 • 接受当前的情感状态是你可以忍受和管理的。"你可以应对的。" • 利用可视化流程促进成功。 • 通过"我爱你"仪式以及其他增进情感纽带的活动建立更强的联结。 • 使用"时光机"。

对于很多人而言，本书的内容将鼓励和启发你更加深入地探索自我情绪调节的世界，并且你已经为在自己的家中和班级里使用"心情娃娃"自我情绪调节工具包做好了准备。随着你的实施工作不断展开，请在活动中充分发挥你的聪明才智。其中的关键在于，你本人首先要将自我情绪调节五步法融会贯通，然后发自内心地将它们传授给孩子们，而不是机械地从一个知识点讲到另一个知识点。最重要的是，你要充分利用自己的天赋和才华，实现人生的转变，并且创造性地引导

自己完成这个过程。我希望，本书以及"心情娃娃"自我情绪调节工具包将促使你的人生全方面地发生天翻地覆的改变。请深呼吸，将每个时刻看作一次学习的机会，并且享受其中的乐趣！

对于其他人而言，我只能陪你们到这里了。作为一个成人，你已经明白了自我情绪调节相关的科学研究向我们揭示的诸多奥秘，深入地探索了阻碍我们实现自我情绪调节的各种因素，找到了自我情绪调节的方法策略，并且学会了如何帮助孩子们实现他们的自我情绪调节。你或许觉得这本书提供了大量方法策略，或者你只是觉得收获了不少。无论原因是什么，我希望阅读本书能给你带来乐趣和深刻的见解，并且能够鼓励你在日常生活中不断实践和练习这些技巧。我祝愿你在人生的道路上越走越宽阔。

最后再多说一句，算是送给你的一个小惊喜！四个代表原生情绪的"心情娃娃"都为你写了一封信。它们希望和你成为好朋友，见证你人生转变的开始。它们需要你，你同样也需要它们。一起开心地玩耍吧！

管理混乱情绪：儿童自我情绪调节5步法

亲爱的朋友：

你好。让我来介绍一下我自己。我是你的伤心娃娃。当你失去了自己心爱的人或物时，我就会来到你身边。我们曾经见过面。

很多人不喜欢我的到来。有时候，我刚在门缝里瞥了一眼，嘴巴里就被人塞满了糖果。有时候，我会一只手举着酒杯，另一只手拿着信用卡买买买。既然两手都占满了，我怎么可能拥抱你呢！请不要给我吃东西，不要把我灌醉，不要再给我买东西，也不要忙着工作把我丢弃。我也有自己的事要做。我要帮你学会放手。我希望你能真心地接纳我，爱我，倾听我的想法，并且让我真正成为你的一部分。我不喜欢睡在走廊里，请让我进来吧。

失去亲人、宠物、朋友或者机会，这些都让我们痛彻心扉。孩子长大后各奔东西，这也让我们充满无限伤感。事情不顺利，不符合你的想法，这也会让人很难过。我会帮助你把这些不快说出来，并且让你认识到爱是真实的。没有我们的相聚，你就无法从失去中振作起来，重新上路。不论你想做点什么，还是你想和别人友好相处，也都是徒劳无功的。这些你多少也有所耳闻了吧，你是怎么想的呢？我们做好朋友吧！

我也需要你的帮助哦。

- 找出是哪些因素导致你将我拒之门外,而不是热情地邀请我走进你的心里。

- 请发自内心地接受和欢迎我的到来。对我说一句简单的"欢迎,请进。我们就可以一起面对困难了。"这样多好啊。

- 对着我深呼吸一口气,然后对我说:"你好,伤心娃娃。"然后我们可以并肩而坐。我第一次出现时,的确让你感到很难过,因为我和你合二为一了。我答应你,这种情况很快就会过去。我是我,你还是你。我只有在你经历了失去并且需要努力克服困难时才会来到你的身边。

- 如果你变成了我,那你可要小心了。变成我会让你有一种在泪水的深渊中窒息的感觉。我们要想友好地相处下去,你必须要准确地说出我的名字,用心去感受我,并且从深渊中爬起来。我有些话想要对你说,但是当你沉溺在水中时,你怎么听得到呢?请从"我好伤心啊"进入"我感到伤心"里吧,这样你就能听到我温柔的指引。

- 让我留在你的身边。你可以问问我:"伤心娃娃,你今天想去上班吗?"听听我的回答,不要想当然地以为你知道我在想什么。如果我的回答是"是的",那么请拉起我的手,我们走吧。请不要抛弃我,也不要对我不理不睬。如果你不理我或者躲着我,我会一直努力得到你的关注的。

这样多累啊！对着我深呼吸然后接受我，这样一切伤痛就会痊愈了。

我希望你知道，随着我们学会信任彼此，你就能听到我为你送上的不仅重要而且能够治愈你伤痛的话语。请给我一个机会，让我说出这些话，完成我的使命。我希望你能认真倾听我对你说的话，我会爱你一辈子的。

我爱你，

你的伤心娃娃

亲爱的朋友：

请允许我介绍我自己。我的名字是愤怒娃娃，我就在你的身体里。我希望你能接纳我，爱我，听我说话，并且真心地接受我成为你的一部分。到现在为止，你对我的态度可不算好。这些年里，我曾经一次次努力得到你的关注，并且给你留了很多重要的信息，而你却把我当作虐待灰姑娘的邪恶姐姐。

我很高兴终于可以和你好好聊一聊了。我是一个非常出色的"心情娃娃"，但是你却没有给我机会证明我的本事。我也有自己的事情要做。我会激励你作出改变。有时候你可能需要改变自己为人处世的方式，忘掉那些狭隘的想法，或者换件事做。你可能需要改变自己看待事物的角度，或者当我出现时，你需要改一改对待我的方式。

下面是我希望你能为我做的几件事。

- 接纳我的存在。当我出现时，你只要说一声"你好，愤怒娃娃"，这样简简单单的一句话足以改变你我之间的关系。

- 感受我的存在并且马上给我一些帮助，因为当我第一次出现时，我们就再也分不开了。不要和我在一起太久，我是我，你仍然是你。我拥有强大的力

量，可以让血液快速流入你的大脑，让你的手脚发烫，让你呼吸加速，让你心跳加快，你甚至都能听到自己心跳的声音！我的到来其实充满了善意，但是如果你变成了我，或者故意忽视或者试图掩盖我的存在，我就会用我的雷霆之力关闭你的心扉，让你无法和自己或者别人交流。

- 一定要在我控制你的思维和身体前察觉到我的存在。我来得很快，所以你必须非常了解我，了解是哪些东西触动了我，让我出现在你的心里。

- 请你和我一起深呼吸，这样对我也有好处。

- 要记住，我拥有强大的力量，我要依靠你才能调整自己，这样我才不会伤害到你或者别人。我不喜欢伤害和破坏，我喜欢激励。

- 请真正地接纳我，而不是把我当作评判别人或者发泄的理由。让我平静下来，这样你才能听到我要对你说的话。我们一定能够做到的！

随着我们开始彼此信任，你会发现我对你说的话都是为了帮助你改变自己。你愿意听吗？我希望你愿意，因为我是如此爱你。

爱你，
你的愤怒娃娃

亲爱的朋友：

你好。让我来介绍一下我自己。我是你的害怕娃娃。当你的安全受到威胁时，我就会来到你身边。我是你生命的一部分，是对生存和生活最充满渴望的那部分。我会永远指引着你避开威胁，但永远不会让你远离关爱。

就像愤怒娃娃一样，我也浑身充满了力量。你可能会喜欢我，如果你在开车时感到昏昏欲睡，我会让你心跳加快，让你保持高度警觉。你也可能不喜欢我，因为我会让你因为害怕而不能做自己想做的事情。如果你误会了我，你可能会陷入不健康的人际关系中，不敢离开。如果你让我像野草一样疯狂地生长，我可能会阻碍你热爱生活。

当我第一次出现在你面前时，你和我就合二为一了。如果我们在一起太久，我会破坏你的免疫系统，损害你的关节，并且吃掉你的大脑思维。我真的不想住进你的身体里，和你纠缠在一起。我是那种来去如风的"心情娃娃"。我会突然出现在你面前，挽救你的生命，然后离开你。你可以把我当成你最好的亲戚：我会准时出现，告诉你一些有用的信息，然后迅速离开（我家里的其他成员就不会这样。我的表妹们，比如担忧和焦虑，一

旦她们来了就会赖在那里好几年不走，因为她们总是沉浸在过去，而不是向往着未来。在当下，你是看不到她们的，所以你很难给她们打好背包然后送她们出门。）

我想告诉你的很简单：我希望你能得到安全和保护，我希望你现在就能得到它们。我猜你可能会叫我终极守护者。

我也需要你的帮助哦。

- 听我的话，集中注意力，行动起来，放下我，然后去处理其他的紧急情况吧。

- 虽然要寻找属于你的安全，但是你还是要动一动脑筋。如果你觉得滥用药物、酗酒、看电视、暴饮暴食，或者想象出一些虚构的情节（比如："唯一能够信任的只有我自己"）能给你带来安全感，那你就真的有麻烦了。我希望你得到的安全感不仅是对当下而言的，而是从长期来看也是对你有益的。如果你只能得到眼前的安全而遭受长期的痛苦，或者你只是觉得暂时稍好一点而时刻担心出现某些状况，那么你就没有真正听进去我对你说的话。

- 放开我吧。不要和我在一起太久。我可是有毒的。当我们在一起的时候，我会扭曲你对世界的认知。我释放出来的化学物质最适合战斗或逃跑，但是它们如果在你体内待得太久就会破坏你的身心健康。如果你正在经历慢性痛苦、生活空虚，或者饱受疾病折磨，我们在一起的时间就会太长。

- 我走后，你要放松自己。给自己放个假，读几本有意思的书，把你的爱传播给其他人。总之，希望你对我的到来和离去心存感激。

请相信我。我在你身边支持着你。我们的目标是生存，如果你能够明白这一层意义，那我们在一起的时光就没有白费。我希望你能够真心听我的话，因为我会一直爱着你，保护你！

我爱你，

你的害怕娃娃

亲爱的小兔子：

你好！让我来介绍一下我自己。我是你的快乐娃娃。你可能会想："我认识你呀，我们在一起玩得很开心啊。"我不清楚你是否真正懂我。我是最真实的你自己。在所有娃娃中，我无疑最懂得这个道理：所有事物都是好的，它们的出现都是为了带来好处，并且会带来更多的好处。

我觉得很多人把我和愉悦混为一谈了。愉悦通常伴随着某种喧闹的场景，会为你留下深刻的印象。它给你的感觉很美好，但是转瞬即逝。我给你的感觉也很好、很平和并且充满了关爱，但是我永远不会离开你。如果将生活比作棒球比赛，我就是你的休息区；如果将生活比作大海，我就是海水；如果将生活比作一个社区，我就是你的家。

请深呼吸，让自己亲近自然，亲近你所相信的神圣的力量或者你的挚爱，请看着我走进你的意识。你好，这就是我！

你必须要认识我。当你需要快乐时，我就在你身后，希望你明白我就在那里。金钱买不到我，竞争得不到我，祈求也无法赢得我的欢心。我不是一所大房子，也不是纤细的腰肢。我只是一种选择，只要你选择了我，就能看到我。

要想作出这个选择，我需要你做

一些事情。

- 当我告诉你最自然的状态就是爱和快乐时，请你相信我。

- 不要再到外面寻找我的踪迹。请看你的内心深处。我始终在那里等待着你，带着一丝可爱和狡黠的微笑，让你忍俊不禁。我温柔似水，善解人意。你可以毫无顾忌地和我腻在一起。

- 请找出是什么阻碍了你看到我。你因为"值不值得"而产生的不安全感将我推开。对金钱、物质以及完美身材的渴望阻碍了你的视线，让你看不到我。那些高矮胖瘦、聪明愚蠢、肤色深浅等无休止的争吵掩盖了我甜美的声音。我是一个非常有爱的精灵，但是被隐匿、推开、掩盖和出卖了。让这些繁杂的事物都消失吧，这样一切都会好起来。我就在这里！

- 请选择我，而不要选择愉悦。我不是说我比它更好，而是因为愉悦总是伴随痛苦。这是我一个人的舞台，我包揽了一切。你不会和我闹别扭的，因为我不会带给你任何痛苦。

你只要放松自己，接受我就好了。要知道爱（我的另一半）是最强大的力量。如果你能和别人分享我，我们在一起必将势不可当。这就是快乐。你就是我最亲爱的伙伴！

你觉得呢？你快乐吗？

我爱你，

你的快乐娃娃

"心情娃娃"示范活动

目标：介绍快乐娃娃和伤心娃娃

歌曲:《娃娃时间到了》

娃娃时间到了

（配合熟悉的曲调）

请拿起你的"心情娃娃"，

"心情娃娃"，"心情娃娃"。

请拿起你的"心情娃娃"，

现在就行动。

坐在圆圈里，做好准备，认真听。

拿好你的娃娃，深呼吸，看着我。

材料
- 快乐娃娃和伤心娃娃。
- 空的"心情娃娃"口袋。
- 象征发言权的魔杖或者玩具麦克风。

教师： 我非常期待今天的课！我要给你们介绍几个新朋友。它们就是我们的"心情娃娃"，它们能给我们带来许多帮助。（将快乐和伤心娃娃藏在身后、毯子下或者篮子里）开始介绍之前，我要问你们一个问题。你们觉得自己快乐吗？

（儿童回答。）

教师： 我们有感到非常快乐的时候。这就是我们的新朋友，快乐娃娃。（把快乐娃娃举起来）我们曾经最快乐的时候是……（分享一段个人故事）。

教师： 请看快乐娃娃的眉毛，它的眉毛就像这样（模仿）。请看它的嘴，它的嘴就像这样（模仿）。你能模仿快乐娃娃的表情吗？

（儿童回答。）

教师： 你做得很棒。你的眉毛就像这样（模仿）。你的嘴就像这样（模仿）。你看起来很开心，就像我们的新朋友快乐娃娃一样。我每天都能看到你们开心的样子。太棒了！

"心情娃娃"小贴士

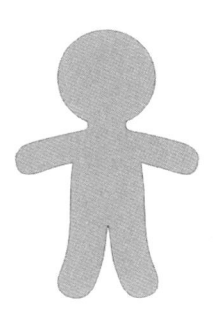

在与孩子们分享故事时，最好分享你人生经历中真实的故事。真实的故事有助于建立联结。请务必确保你所讲的故事适合孩子们当前的发展阶段。还有一个非常有用的小技巧：你可以用一个魔杖或者玩具麦克风表示谁现在拥有发言权。

快乐娃娃：（把快乐娃娃当作一个木偶）大家好！我很高兴见到你们，和你们在一起。我们在一起玩会很有趣。你们知道我最爱说什么吗？"哈哈哈，看看你。快乐、快乐、拍拍手、一、二。"和我一起说，一起拍手。看我的，我来教你们。"哈哈哈，看看你。快乐、快乐、拍拍手、一、二。"

教师：（将快乐娃娃放在腿上）我还有一个问题。你们有没有伤心过？（拿出伤心娃娃，并把它举起来）

（儿童回答。）

教师：请看伤心娃娃的眉毛。它的眉毛就像这样（模仿）。请看它的嘴。它的嘴就像这样（模仿）。你能做个这样的表情吗？

（儿童回答。）

教师：你做得很棒。你的眉毛就像这样（模仿）。你的嘴就像这样（模仿）。你看起来很伤心，就像我们的新朋友伤心娃娃一样。我曾经在你们的脸上看到过这样的表情，我也曾经看到过你们快乐的脸庞。

伤心娃娃：（把伤心娃娃当作一个木偶）大家好！我是伤心娃娃。如果有人丢失了心爱的东西，我可以帮助他。我会一直帮助你们的。我出现时，你们的表情就和我现在一模一样。

教师：（将伤心娃娃与快乐娃娃一起放在腿上）我要教你们一首新歌，这是一首关于快乐娃娃和伤心娃娃的歌。

歌曲:《看看我的脸（第一部分）》

看看我的脸（第一部分）

（配合熟悉的曲调）

看看我的脸（合唱），看看我的脸（合唱），看看我快乐的脸。就像这样。

我的脸就像这样。

这就是我快乐的脸。（所有儿童做出表情）

看看我的脸（合唱），看看我的脸（合唱），

看看我伤心的脸。我感到伤心时，我的脸就像这样。

这就是我伤心的脸。（所有儿童做出表情）

在唱歌时请把"心情娃娃"举起来。

快乐娃娃：（把快乐娃娃当作一个木偶）再见，各位。哈哈哈，看看你。快乐、快乐、拍拍手、一、二。

伤心娃娃：（把伤心娃娃当作一个木偶）再见！

（儿童回答。）

教师：快乐娃娃和伤心娃娃住在同一个口袋里。（向儿童展示"心情娃娃"口袋。将快乐娃娃和伤心娃娃放入口袋）孩子们，你们看，它们的名字就写在口袋上。（用手指并且读出口袋上的名字）我们已经见过两位新朋友了。当我们见过所有 8 位新朋友时，它们就能帮助我们互相友爱。

歌曲:《娃娃再见》

再见了，娃娃

（配合熟悉的曲调）

再见了，娃娃。

再见了，娃娃。

再见了，娃娃。

我们会再相见。

参考文献

[1]Arnold, D. H., McWilliams, L., & Arnold, E. H. (1998). Teacher discipline and child misbehavior in preschool: Untangling causality with correlational data. *Developmental Psychology, 34*, 276—287.

[2]Bailey, B. A., (1997). *I Love You Rituals: Activities to Build Bonds and Strengthen Relationships With Children*. New York: Harper Collins.

[3]Bailey, B. A. (2000). *Conscious Discipline: 7 Skills for Brain Smart Classroom Management*. Oviedo, FL: Loving Guidance, Inc.

[4]Bailey, B. A. (2000). *Easy to Love, Difficult to Discipline: The 7 Basic Skills for Turning Conflict into Cooperation*. New York: Harper Collins.

[5]Bailey, B. A. (2011). *Creating the School Family: Bully-Proofing Classrooms Through Emotional Intelligence*. Oviedo, FL: Loving Guidance, Inc.

[6]Black, D. S. (2011). A brief definition of mindfulness. *Mindfulness Research Guide*. http://www.mindfulexperience.org.

[7]Boyd, J., Barnett, W. S., Bodrova, E., Leong, D. J., & Gomby, D. (2005). Promoting children's social and emotional development through preschool. New Brunswick, NJ: NIERR.

[8]Bronson, M. B. (2000). *Self-Regulation in Early Childhood: Nature and Nurture*. New York: The Guilford Press.

[9]Bronson, P. & Merryman, A. (2009). *NurtureShock: New Thinking about Children*. New York: Twelve Hachette Book Club.

[10]Damasio, A. R. (1999). *The Feeling of What Happens: Body and Emotion in the Making of Consciousness*. Orlando, FL: Harcourt.

[11]Decety, J. & Hodges, S. D. (2006). A social cognitive neuroscience model of human empathy. In P. A. M. van Lange (Ed.), *Bridging Social Psychology: Benefits of Transdisciplinary Approaches* (pp. 103—109). Mahwah, NJ: Lawrence Erlbaum Associates.

[12]Eisenberg, N., Spinrad, T. L., Fabes, R. A., Reiser, M., Cumberland, A., Shepard, S. A., & Thompson, M. (2004). The relations of effortful control and impulsivity to children's resiliency and adjustment. *Child Development*, 75(1): 25—46.

[13]Ekman, P. (2003). *Emotions Revealed: Recognizing Faces and Feelings to Improve Communication and Emotional Life*. New York: Henry Holt and Company.

[14]Gilliam, W. S. (2005). Prekindergarteners Left Behind: Expulsion Rates in State Prekindergarten Systems. New Haven, CT: Yale University Child Study Center.

[15]Goleman, D. (1995). *Emotional Intelligence*. New York: Bantam Books.

[16]Goleman, D. (1998). *Working with Emotional Intelligence*. New York: Bantam Books.

[17]Gottman, J. M., Katz, L. F., & Hooven, C. (1996). Parental meta-emotion philosophy and the emotional life of families: Theoretical models and preliminary data. *Journal of Family Psychology*, 10, 243—268.

[18]Greenberg, M. T. & Snell, J. L. (1997). Brain development and emotional development: The role of teaching in organizing the frontal lobe. In P. Salovey, D. J. Sluyter, P. Salovey, & D. J. Sluyter (Eds.), *Emotional Development and Emotional Intelligence: Educational Implications* (pp. 93—126). New York: Basic Books.

[19]Hastings, R. P. (2003). Child Behavior Problems and Partner Mental Health as

Correlates of Stress in Mothers and Fathers of Children with Autism. *Journal of Intellectual Disability Research, 47,* 231—237.

[20]Huffman, L. C., Mehlinger, S. L., & Kerivan, A. S. (2001). Risk factors for academic and behavioral problems in the beginning of school. In *Off to a good start: Research on the risk factors for early school problems and selected federal policies affecting children's social and emotional development and their readiness for school.* Chapel Hill, NC: University of North Carolina, FPG Child Development Center.

[21]Iacoboni, M. (2008). *Mirroring People: The New Science of how we Connect with Others.* New York: Farrar, Straus and Giroux.

[22]Kanat-Maymon M. & Assor, A. (2010). Perceived maternal control and responsiveness to distress as predictors of young adults' empathic responses. *Personality and Social Psychology Bulletin, 36,* 33—46.

[23]Katz, L. F. & Gottman, J. M., (1994). Patterns of marital interaction and children's emotional development. In Parke R. D. & Kellam S. G. (Eds.), *Exploring Family Relationships with Other Social Contexts,* Ch. 3, (pp. 49—74). Hillsdale, NJ: Lawrence Erlbaum.

[24]Kessler, R. C., Chiu, W. T., Demler, O., & Walters, E. E. (2005). Prevalence, severity, and comorbidity of twelve-month DSM-IV disorders in the National Comorbidity Survey Replication (NCS-R). *Archives of General Psychiatry, 62,* 617—627.

[25]Kranowitz, C. (1998). *The Out-of-Sync Child: Recognizing and Coping with Sensory Integration Dysfunction.* New York: Perigee Trade.

[26]Kupersmidt, J. B., Bryant, D., & Willoughby, M. T. (2000). Prevalence of aggressive behaviors among preschoolers in Head Start and community child care programs. *Behavioral Disorders, 26,* 42—52.

[27]Lunkenheimer, E. S., Shields, A. M., & Cortina, K. S. (2007). Parental coaching and dismissing of children's emotions in family interaction. *Social Development, 16*(2): 232—248.

[28]Lyon, G. R. & Krasnegor, N. A. (1996). *Attention, Memory and Executive Function.* Baltimore: Paul H. Brookes.

[29]Nagin, D. S. & Tremblay, R. E. (1999). Trajectories of boys' physical aggression, opposition and hyperactivity on the path to physically violent and nonviolent juvenile delinquency. *Child Development,* 70(5): 1181—1196.

[30]National Council on Developing Child. (2005). Children's Emotional Development is Built into the Architecture of Their Brains. http://www.developingchild.net.

[31]Ohman, A. (2000). Fear and anxiety: Clinical, evolutionary, and cognitive perspectives. In M. Lewis & J. M. Haviland (Eds.), *Handbook of Emotions.* 2nd ed., (pp. 573—593). New York: Guilford.

[32]Olfson, M. & Marcus, S. C. (2009). National Patterns in Antidepressant Medication Treatment. *Archives of General Psychiatry,* 66(8): 848—856.

[33]Perry. B. (2001). Keep the Cool in School: Self-Regulation-The Second Core Strength. *Early Childhood Today.* Scholastic. http://www2.scholastic.com.

[34]Raver, C. C. & Knitzer, J. (2002). Ready to Enter: What research tells policymakers about strategies to promote social and emotional school readiness among three-and four-year-old children. New York, NY: National Center for Children in Poverty. Mailman School of Public Health, Columbia University.

[35]Ricard, M. (2007). *Happiness: A Guide to Developing Life's Most Important Skill.* New York: Atlantic Books.

[36]Roth, G., Assor, A., Niemiec, C. P., Ryan, R. M., & Deci, E. L. (2009). The emotional and academic consequences of parental conditional regard: Comparing conditional positive regard, conditional negative regard, and autonomy support as parenting practices. *Developmental Psychology,* 45, 1119—1142.

[37]Szalavitz, M. & Perry, B. D. (2010). *Born for Love: Why Empathy is Essential and Endangered.* New York: Harper Collins.

[38]Shonkoff, J. P. & Phillips, D. A. (Eds.)(2000). *From Neurons to Neighborhoods: The Science of Early Childhood Development.* Washington, DC: National Academy Press.

[39]Spradlin, S. (2003). *Don't Let Your Emotions Run Your Life: How Dialectical Behavior Therapy Can Put You In Control.* Oakland, CA: New Harbinger Publications, Inc.

[40]Strayer, J. & Roberts, W. (2004). Empathy and Observed Anger and Aggression in Five-year Olds. *Social Development, 13,* 1—13.

[41]Vohs, K. D. & Baumeister, R. F. (2011). *Handbook of Self-Regulation: Research, Theory, and Applications.* New York: Guilford Press.

[42]Willoughby, M., Kupersmidt, J. B., & Bryant, D. (2001). Overt and covert dimensions of antisocial behavior in early childhood. *Journal of Abnormal Child Psychology, 29,* 177—187.

Managing Emotional Mayhem

致　谢

2019年3月，在已为全球101个国家提供社会情感学习教育理论、教育实践和培训课程的基础上，全球儿童社会情感学习领导品牌"智慧自律"携手美林教育与耶鲁大学教育专家沃特·捷列姆博士、刘彤博士，开展儿童社会情感学习中国本土化研究，成为"智慧自律"国际化进程的重要里程碑。本次项目研究得到中国教育学会国际教育分会和北京师范大学儿童教育专家的倾情支持。同年4月，智慧自律行动组中国项目部成立，耶鲁大学和美林教育选派刘彤博士、赵宇红、左慧萍三名专家赴美国进行系统学习。

经过半年的紧张筹备，2019年8月29日，"智慧自律中国本土化研究"项目说明会在北京师范大学成功举行，标志着智慧自律中国本土化研究正式启动。在国内外教育学、心理学专家和多位幼儿教育工作者的支持下，智慧自律中国本土化研究历时5年，基于大量教育学、心理学研究及丰富的幼儿园教育实践，形成了基于中国儿童教育实践的智慧自律中国儿童方案——"韧性课堂：中国儿童社会情感学习整体解决方案"。

致 谢

在"智慧自律进校园首批示范校实践"活动中，全国各地先后有几十所幼儿园加入课程实践的行列。本次实践活动得到美林教育集团的大力支持，美林教育在北京、天津、山东、河北等不同地区的幼儿园积极投身实践活动，涌现出大批优秀实践教师，取得了丰硕的成果。

历时5年的研究，丰富的实践，不断努力创新、推敲修订，我们惊喜于教师的变化和孩子的成长。一个又一个"学校大家庭"建立，家校社协同育人方兴未艾；一批又一批孩子学习并实践智慧自律的七大技能，并形成七大健康成熟的品质：理性客观、坚定果敢、自我价值、自尊自主、学会接纳、心中有爱、有责任感。智慧自律行动组中国项目部在教育专家左慧萍、聂懿、孟令角和尹晓慧的带领下，先后完成了线上和线下两个层面的项目课程、培训、材料、家长工作坊核心体系的内容搭建；经过不断地钻研、实践和修订，"韧性课堂"幼儿园课程方案、教师培养方案、家校社协同育人方案及班级和家庭环境创设等一系列解决方案完成了从1.0版本到2.0版本的优化升级；"韧性课堂：中国儿童社会情感学习整体解决方案"厚积薄发、脱颖而出。

在此，智慧自律行动组中国项目部特别感谢美林教育集团对"智慧自律中国本土化研究"的深度参与和全力支持；感谢中国教育学会国际教育分会和北京师范大学教育专家的倾情付出；感谢所有参与课程实践的幼儿园老师们的杰出贡献；感谢参与本土化研究的所有幼儿园的孩子和家长们，让我们看到孩子们每天的进步和成长。在此，我们还要特别感谢作为项目课题研究实践基地的美林高瞻国际幼儿园·蓝郡园（淘宝贝高瞻幼儿园）教学园长赵永巧带领的教师团队，在项目实践过程中提供了丰富的教研和实践案例。正是你们的无私奉献，才让这个项目取得了今天的成就。

智慧自律行动组中国项目部在实践形成的适合中文语境的专业词汇和本土化案例，也为《智慧自律》和《管理混乱情绪》这套书的翻译工作提供了支持。我们期待这套书的出版能帮助家长、教育工作者们更好地理解和实践社会情感学习，为孩子们成长带来更好的指引。

智慧自律行动组中国项目部

2024 年 5 月 20 日

原文书名：Managing Emotional Mayhem: The Five Steps for Self-Regulation
原作者名：Becky A. Bailey, Ph.D.

Copyright © 2014 by Becky A. Bailey, Ph.D.
This edition arranged with Loving Guidance, Inc.
through Maxlink Education Co., Ltd.
All rights reserved.
Simplified Chinese copyright © 2024 by China Textile & Apparel Press.
本书中文简体版由 Loving Guidance, Inc. 经 Maxlink Education Co., Ltd. 授权中国纺织出版社有限公司独家出版发行。本书内容未经出版者书面许可，不得以任何方式或任何手段复制、转载或刊登。

著作权合同登记号：图字：01-2023-3782